Fiction et autobiographie dans le Ravissement de Lol V. Stein et le Vice-Consul de Marguerite Duras

Brigitte Cassirame

Fiction et autobiographie dans le Ravissement de Lol V. Stein et le Vice-Consul de Marguerite Duras

Publibook

Retrouvez notre catalogue sur le site des Éditions Publibook :

http://www.publibook.com

Éditions Publibook
14, rue des Volontaires
75015 PARIS – France
Tél. : +33 (0)1 53 69 65 55

IDDN.FR.010.0107540.000.R.P.2007.035.40000

Cet ouvrage a fait l'objet d'une première publication aux Éditions Publibook en 2007

Introduction

Dans la production de Marguerite Duras, les romans comme les pièces de théâtre ne distinguent pas avec netteté ce qui ressort d'un vécu et ce qui appartient à la fiction. De fait, l'enfance crée des histoires qui ont voyagé de l'imaginaire enfantin à l'écriture mûre féminine. Certains noms, comme celui d'Anne-Marie Stretter, en réalité « Striedter », ont quelquefois perdu en route leur sonorité initiale. Mais ils ont gardé leur aura et habitent des personnages qui ne peuvent mourir d'un roman à l'autre.

C'est ce que montrent les romans de cette configuration indienne, ***Le Ravissement de Lol V. Stein*** et ***Le Vice-Consul*** qui trouveront un prolongement dans cet autre diptyque de 1984 et de 1991, ***L'Amant*** et ***L'Amant de La Chine du Nord***. Mais ces quatre œuvres, dont les deux premières figurent au programme de l'Agrégation de Lettres, procèdent d'une sorte de « urtext », récit des origines, source originelle de cette famille de papier durassienne : ***Un Barrage contre Le Pacifique*** rédigé en 1950. Ce cycle romanesque indochinois, voire asiatique, fait naître un bon nombre d'interrogations sur les rapports entre la fiction et l'autobiographie. Des critiques littéraires et essayistes comme Aliette Armel, Alain Vircondelet, se sont penchés sur cette notion ambiguë de fiction autobiographique, entre vérité et légendes. Marguerite Duras ne disait-elle pas elle-même qu'elle avait vécu sa vie comme un mythe ?

Quand Marguerite Duras évoque ses personnages, elle use fréquemment du mot « gens ». Dans la vie matérielle, elle leur consacrera un chapitre sous le titre de « population nocturne ». Cette « population » n'est autre que l'ensemble des personnages d'India Song. Ces personnes surgissent dans l'espace réel de Marguerite Duras. La nuit, elle les voit dans sa chambre : « J'apercevais Michaël Richardson derrière les fenêtres fermées sans rideau de la maison d'India Song, il était parmi des plantes, des lianes, il souriait et il pleurait à la fois, prisonnier de l'histoire, très beau ».[1] De même, pour Yann Andréa, dernier compagnon de la romancière, elle était d'abord « celle qui avait écrit India Song, celle qui avait fait parler Anne-Marie Stretter sur l'ennui aux Indes, c'était Michaël Richardson, Lol V. Stein, la mendiante ;

---

[1] La Vie Matérielle.

tout ce peuple-là, à l'origine... » [2]. Les personnages sont par conséquent plus que de simples fictions. Ils ne se contentent pas de vivre dans un cadre romanesque et dans des lieux fictifs. Ils ne sont pas davantage abandonnés une fois l'œuvre achevée, livrés aux pages noircies, errant entre les blocs et les strates des paragraphes. Ils sortent du roman et il n'est pas hyperbolique d'affirmer qu'ils viennent rejoindre les membres de la famille Duras.

Le Ravissement de Lol V. Stein apparaît comme un tournant dans l'existence de la romancière et la narration durassienne. L'auteur révélait à Xavière Gauthier à quel point elle s'était sentie proche de Lol V. Stein, dans ce livre si particulier où elle joue le rôle de narratrice-enquêtrice-analyste. C'est à cette œuvre que nous nous attacherons d'abord à travers l'étude des voix et surtout des diverses instances narratoriales. Le personnage de Lol se trouve à la lisière du réel et de la construction fictive. La narratrice cultive l'ambiguïté à souhait, par désir de brouiller les pistes, d'égarer son propre personnage et de se perdre elle-même dans la labyrinthique S. Thala, ville des eaux arachnéennes et mortifères.

Lorsque le lecteur laisse Lol endormie dans un champ de seigle, de nouveau happée par la folie et le voyeurisme masochiste, c'est qu'il sera appelé à suivre une autre marche dans ***le Vice-Consul***. Ce roman de 1965 crée une nouvelle mise en abyme en fondant sa narration sur une double histoire, l'une enchâssant l'autre. L'histoire de la bonzesse de Battambang inaugure l'œuvre sous la conduite narrative d'un personnage nommé Peter Morgan. Quand cet écrivain fictif, double de la narratrice, posera sa plume pour retrouver l'Inde de 1930 du Vice-Consul, l'heure de Jean-Marc de H. aura sonné, et la voix durassienne reprendra le relais afin de raconter comment un haut fonctionnaire de la Diplomatie française se met à tirer la nuit, sur des lépreux, dans les jardins de Shalimar. Nous nous intéresserons alors à l'imaginaire et à la part historique et biographique de ce roman.

Enfin, certains motifs obsessionnels figurant tant dans Le Ravissement que dans Le Vice-Consul nous amèneront à sonder la dimension autobiographique des deux romans, plus particulièrement la période d'enfance vécue en Indochine. Nous découvrirons alors deux types de femme antinomiques : l'amante et la mère ; la sublime et la mortifère ; la mélancolique et l'hystérique.

---

[2] Op. Cit.

I
Les jeux narratoriaux dans Le Ravissement de Lol V. Stein : une narratrice biographe de son propre personnage et ses doubles

Dans *le ravissement de Lol V. Stein*, nous assistons fréquemment à des intrusions d'un narrateur second qui semble avoir connu l'héroïne Lol V. Stein. Les récits sont dirigés pour la plupart par des "je", pris en charge par des narrateurs homodiégétiques ou hétérodiégétiques. Ces pronoms de la présence, fortement personnalisés, racontent tour à tour « leur histoire » de Lol, comme si le personnage de Lol V. Stein ne pouvait être saisi qu'à travers un prisme ou une polyphonie[3] et finalement n'aboutir qu'à une méconnaissance du personnage. Il faut alors distinguer le "je" du narrateur premier qui nous fait part de son projet narratif et un second "je" qui a été en étroite relation avec l'intéressée. Toutefois, cette dichotomie n'est pas aussi simple. A l'intérieur de la première instance pronominale, l'on peut distinguer encore deux sous-instances : Le "je" d'un narrateur premier très conventionnel, exterieur à l'histoire de Lol et un second "je" plus subjectif et en contact avec le personnage féminin.

A) le projet narratif

En général, un narrateur fait part de ses intentions au lecteur dans une préface. Il révèle encore ses sources dans ces diverses parties du roman qu'on appelle le paratexte : avertissement au lecteur, prologue, notes, an-

[3] « Cette ignorance qui circule dans tout le roman et qui frappe successivement tous les personnages. Car personne ne sait, même pas l'instance narrative dont nous aurons plus tard à montrer les ambiguïtés. Cette ignorance est la conséquence du silence, du mutisme des personnages, et en particulier de Lol ». Article de Béatrice Didier, P. 67. Thèmes et structures de l'absence dans Le Ravissement de Lol V. Stein. Editions de l'Université de Bruxelles.

nexes ou postface. Or la narratrice du *Ravissement* dévoile les coulisses de son œuvre dans le texte proprement dit. Paratexte et texte sont ainsi mêlés dans le même tissu narratif. Les frontières totalement conventionnelles sont effacées au profit d'une plus grande authenticité face au lecteur.

a) Une narratrice intradiégétique

La narratrice se découvre et marque sa présence, révélant clairement ses intentions et ses lacunes : "Voici… Ce faux semblant que raconte Tatiana Karl et ce que j'invente sur la nuit du Casino… A partir de quoi je raconterai mon histoire de Lol V. Stein." [4].

La narratrice s'investit donc pleinement dans ce roman. Elle brise ainsi le fameux "effet de réel" préconisé par certains romanciers. Elle ne désire aucunement "faire vrai". Le lecteur sait maintenant que les pistes sont d'emblée brouillées. Qui dois-je croire ? Tatiana Karl ? Ou la narratrice qui dit "inventer" l'histoire de Lol ? pourrait se demander le lecteur. La double présence du pronom personnel "je" et de l'adjectif possessif "mom" constitue la première instance narratoriale.

Nous sommes d'abord surpris par le désir de la narratrice. Il s'agit presque d'une nécessité, d'une sorte d'impératif. L'histoire de Lol. devient un véritable enjeu. La narratrice est comme dans l'obligation de la raconter ou de l'inventer afin de pallier son ignorance. Les paroles narratives, par leur tonalité, laissent alors entrevoir un drame : "Je ne crois plus rien de ce que dit Tatiana, je ne suis convaincu de rien"… (p. 14). Il est présupposé que les dires de Tatiana ont fait l'objet d'une vaste réflexion. Ce qu'a raconté ce personnage a longtemps envahi l'esprit de la narratrice pour qu'elle décide un jour de ne plus y ajouter foi. Il est clair que l'on s'adresse fortement au lecteur. Le roman de Lol semble prendre les allures d'un journal intime ou d'un carnet de bord, celui d'une narratrice-enquêtrice, le journal d'une romancière. La narratrice raconte qu'elle "raconte" et dit comment elle va s'y prendre. Cette mise en abyme est fréquente dans l'oeuvre Durassienne. Les sentiments de la narratrice sont ainsi mis à nu car nous percevons, chez elle, ce besoin irrésistible d'écrire cette histoire. Le livre devient une fatalité, un chemin par lequel il faut passer. L'acte d'écriture revêt une forme de sacralisation. Nous assistons à la gestation d'un livre, une genèse proche de la geste divine.

Comme préambule, la narratrice propose les récits des personnages secondaires, mais semble les évacuer très vite de la scène narrative : "Le récit

---

[4]Le Ravissement de Lol V. Stein, P. 14.

de cette nuit-là, fait par Jean Bedfort à Lol. Elle-même, contribue, il me semble, à son histoire récente."[5] Les paroles de ce personnage-mari de Lol, sont pour la plupart incluses dans le discours narratif. L'homme ne prend aucune liberté. Il n'existe que par l'instance du "je" narratorial. Aussi la narratrice commente-t-elle ouvertement le récit du mari. Elle tire des conclusions ou établit des corrélations. Ce personnage masculin n'a aucune importance en soi ; il n'est qu'une banale source de renseignements.

Construisant son récit sous les yeux du lecteur, le "je" du projet narratif ne cache pas son ignorance. De nombreuses interrogations rhétoriques parsèment les récits. A l'apparition d'Anne-Marie Stretter lors du bal de S. Thala, la narratrice nous fait part de ses réflexions : "Avait-elle regardé M. Richardson en passant ? L'avait-elle balayé de ce non-regard... C'était impossible de le savoir, c'est impossible de le savoir quand, par conséquent commence mon histoire de L.V. S"[6]. La voix narrative semble monologuer pour elle seule comme si le lecteur était balayé tout à coup. Les diverses questions posées paraissent l'aider dans sa recherche. Aussi y répond-elle vite, rétablissant de ce fait, la présence d'un narrataire idéal, un lecteur attentif et témoin de cette recherche...

Le jeu sur la temporalité est intéressant à cet égard. Il est à remarquer la réitération d'une même phrase mais à des temps différents : l'imparfait et le présent. La narratrice se place à la fois dans le temps de l'histoire (imparfait) et le temps de l'écriture (présent). Se dédoublant, la voici personnage évoluant dans le bal et ne pouvant affirmer si Anne-Marie Stretter avait regardé Richardson ("C'était impossible de le savoir") ; la voici narratrice dans l'ici et maintenant, n'ayant toujours pas cette certitude ("C'est impossible de savoir"...). Elle désigne aussi le moment précis de l'écriture : le début du roman (Quand commence mon histoire de L.V.S.). Le livre se présente donc comme une sorte de recherche herméneutique. L'écriture conduira peut-être la narratrice vers l'abolition de ses propres méconnaissances. Nous rejoignons ainsi le point de vue de Mallarmé et de Paul Valéry pour qui l'auteur n'est pas antérieur au livre mais pour qui le livre donne le sens. La narratrice, une fois l'oeuvre terminée, se découvrira peut-être autre.

Pour cela, les "je" narratoriaux, si divers soient-ils, vont se mettre à contrarier les récits des uns et des autres. La narratrice se charge de mêler les écritures afin de trouver Lol V. Stein. Elle se conduit comme une historienne à la recherche d'un personnage réel dont il faut expliquer puis comprendre les attitudes. La notion de "sympathie" entre en ligne de

---

[5] Le Ravissement de Lol V. Stein, P. 125.
[6] Op. Cit. P. 16.

compte. Il convient de se mettre dans une certaine ambiance et de revivre par une communion d'esprit certains événements du passé.

b) Une empathie narrative

Le "je" narratorial dévoile plus qu'un attachement pour ce personnage. Il l'aime et en vient même à le justifier parfois : "Je connais Lol V. Stein de la seule façon que je puisse, d'amour…" ; "Lol. fut mariée sans l'avoir voulu…, sans avoir à plagier le crime… Sans avoir trahi…" [7]. Les commentaires ne desservent par l'héroïne. La narratrice explique et approuve le comportement de Lol. En effet, le lecteur pourrait condamner l'attitude désinvolte d'une femme qui, meurtrie par un chagrin d'amour, épouse quand même un autre homme. Or cette femme se voit comme protégée par une « défense » narrative. Duras-narratrice se pose en paravent entre Lol. et le lecteur.

La même voix défenderesse établit aussi des bilans des promenades de Lol. Elle peut, également, à la manière d'une psychologue, commenter des faits, entrevoir des liens entre telle ou telle situation. Elle fait en somme de l'interprétation après présentation des principaux faits :

- Une marque conclusive apparaît *"ainsi,* Lol V. Stein s'est-elle retrouvée dans S. Thala…" [8].
- Des verbes d'opinions ou de sentiments : "Je crois ceci…" (p.71) ; Ce que je crois ; Des pensées, un fourmillement, toutes également frappées…" (p.45) ; "Tatiana, plus tard, quand je le lui ai dit, a partagé mon avis." (p.45).

En outre, il se passe comme des "bredouillements du langage" selon le terme de Roland Barthes[9]. La narratrice émet des hypothèses ; lance quelques idées dont elle n'est pas très sûre et les efface verbalement aussi vite qu'elle les a énoncées : "Non, Lol. dut s'approprier le mérite de son incognito à S. Thala" (p41) ; "Reconnut-elle quelqu'un à S. Thala ? …Je ne crois pas…" ; "Derrière les vitres ? Peut-être aussi, oui." (p.45) ; "Elle avait l'air de se moquer d'elle…" (p.42).

Cependant, la narratrice finit par se diriger vers des certitudes et élabore des situations plausibles. Elle connaît son personnage plus qu'elle ne le

[7] Op. Cit. PP. 46, 31.
[8] Op. Cit.P. 43.
[9] Le Bruissement de la langue.

montre. Par moments, elle cesse d'être une narratrice chercheuse. Son point de vue devient celui de "Dieu". Elle se trouve à la fois derrière le personnage et en lui. Le verbe "devoir" réitéré tisse une toile autour de Lol. La jeune femme se voit cernée, enveloppée par les fils de la narratrice-araignée :

- "La première fois, Lol, dut voir Tatiana Karl sur la terrasse..." (p.68).
- "Elle devait toujours se rassurer davantage après ses promenades" (p.41).
- "Je crois qu'elle devait trouver là, dans la monotonie de la pluie, cet ailleurs..." (p44).

Enfin, la narratrice est quelquefois sûre de certains faits qu'elle énonce ou au présent ou au passé composé. Les incertitudes et les faits positifs s'entremêlent. La narratrice fait et défait constamment ses hypothèses comme pour montrer la fluidité et la complexité de son personnage :

- "Personne ne l'a abordée pendant ces semaines" (p.42).

"Le centre de S. Thala est étendu, moderne, à rues perpendiculaires. Le quartier résidentiel est à l'ouest... Lol. n'est jamais allée aussi loin que la forêt de ce côté-là... (p.40). La description de la ville est menée par une sorte de présent gnomique. La narratrice suppose qu'elle existe et semble prétendre la connaître pour la peindre ainsi, avec tant de précisions. S. Thala paraît rejoindre, pour ainsi dire le temps de l'écriture. Au moment où la narratrice écrit ces lignes, S. Thala existe avec ses rues perpendiculaires. Ce présent engendre donc une assimilation du personnage Lol à la narratrice. Bientôt, celle-ci cessera de passer seulement pour l'instance d'un projet narratif. Elle rejoindra Lol. dans sa fiction. Il existera alors un "je" narratorial protagoniste. L'amour ou la sympathie sont si intenses que la narratrice désirera évoluer elle aussi dans cet espace qu'elle avait d'abord créé pour Lol V. Stein. Le "je" narratorial fera fonction à la fois d'archiviste et de personnage. Mais peut-être était-ce là un aspect caché du projet narratif : - "Je crois, connaissant cette femme, qu'elle aurait préféré que je remédie dans ce sens à la pénurie des faits de sa vie." [10]

Ayant reçu carte blanche symbolique de "cette femme", la narratrice ne peut qu'inventer sa propre présence dans son texte narratif et fictif.

---

[10] Op.

B) La narratrice protagoniste

La voix narrative du *Ravissement de Lol V. Stein* cherche à s'investir de plus en plus dans son texte. Elle ne s'arrête pas au projet narratif dont elle fait part au lecteur dans un premier temps. Elle va beaucoup plus loin. Elle se met en scène dans son récit, même si Lol reste le principal personnage de son œuvre.

a) Une technique narrative d'investigation

"Elle a un frère plus âgé qu'elle de neuf ans ; je ne l'ai jamais vu… Je n'ai rien entendu dire sur l'enfance de Lol V. Stein qui m'ait frappé."[11] Ces lignes montrent que la narratrice se glisse dans la sphère existentielle de Lol. Elle se présente comme un être mi fictif, mi réel qui aurait connu certains parents du personnage[12]. Cette confession atteste quelque recul par rapport à des événements touchant de près à la vie de Lol. En effet, la narratrice prend le parti de négliger délibérément l'enfance de la jeune femme. Les informations sont nécessairement filtrées par sa subjectivité. Elle ne retiendra que les matériaux utiles à son projet d'écriture.

Est-ce à dire que ce roman s'apparente au courant naturaliste ? Est-il légitime d'y percevoir comme un écho de la technique zolienne ?

Certes, comme Zola ou les frères Goncourt, la narratrice du *Ravissement* a réuni une documentation copieuse sans l'utiliser intégralement. Cependant, au lieu de bâtir un scénario au préalable, elle découvre son personnage au fur et à mesure qu'elle écrit. Il s'agit pour elle de tracer la genèse de son personnage pour élucider les raisons de sa folie. Mais si Emile Zola, père du naturalisme, se souciait de convaincre le lecteur, soucieux de démontrer la véracité de telle ou telle hypothèse, le roman devenant un laboratoire expérimental, la narratrice du *Ravissement* semble, par moments, abolir sa propre présence comme il lui arrive parfois d'exclure le spectateur de ses films, au moyen de plans plus ou moins obscurs. Il ne s'agit plus alors de capter une vérité définitive et de clarifier un aspect de Lol. La narratrice semble plutôt vouloir se perdre à plaisir. La ville quadrillée de S. Thala, loin de proposer un cadre rationnel à la recherche de la vérité, se change en labyrinthe destiné

---

[11] (op. cit.p.32)

[12] L'œuvre ne sera pas utilisée comme une œuvre autobiographique mais plutôt comme une fiction autobiographique produite à partir d'une transgression délibérée de la part de l'auteur, de la frontière entre l'imaginaire et le réel…, par Suzanne Ferrières-Pestureau, P.23. L'Harmattan.

à brouiller tout repère et à rendre impossible cette quête d'un savoir sur Lol[13].

Serait-il plus légitime de tenter une comparaison avec le roman d'aventure ? C'est un genre où le narrateur affirme connaître d'avance son personnage qu'il prend soin d'authentifier par force détails précis pour l'effet de réel (Dates, noms de lieux). Il est vrai que la narratrice laisse entendre souvent qu'elle a côtoyé son personnage. Mais là se bornent ses confidences, elle s'abstient de donner des indications spatiales et temporelles : "Qu'avait-elle fait à ces heures-là… Je lui ai demandé. Elle n'a pas su me dire quoi." [14] Cette confidence présuppose que la narratrice a dialogué avec Lol. Elle ne révèle cependant pas les circonstances de cette conversation. Le lecteur se sent ainsi piégé, en ce qu'il ne peut ni adhérer à ces propos ni taxer la narratrice de mensonge.

Quel jugement porter en définitive ?

La narratrice ne recherche en rien l'adhésion du lecteur : nous avons même vu qu'elle l'écarte parfois. Elle ne s'embarrasse pas des contraintes narratives. On ne saurait prétendre que la narratrice se trouve à l'abri du déplaisir que ressent son lecteur. Elle souffre, elle-aussi. En effet, son personnage semble lui échapper lorsqu'elle se croit sur le point de l'atteindre, tel le poète Rimbaud devant qui se dérobe l'aube qu'il espérait retenir. Une question se pose ici, inévitable : pourquoi ou plutôt pour qui la narratrice écrit-elle ?

Son écriture est d'abord un procédé d'investigation. Elle voudrait mettre au jour les mobiles occultes de cette folie féminine et situer l'instant du premier déclic. Elle voudrait aussi obtenir du lecteur que, de connivence avec elle, il participe à sa recherche. Une fois Lol abandonnée au lecteur, elle se sentirait délivrée des liens d'amour qui l'attachaient au personnage. Pour ce faire, elle a recours à divers témoignages.

Nous remarquons alors que la narratrice tient à dévoiler ses sources au lecteur. Nous savons, par exemple, qu'elle a obtenu des renseignements de la gouvernante : "La gouvernante se souvient, elle, un peu : du calme de la rue certains jours, du passage des amants, du mouvement de retrait de Lol…"[15]. Les propos de ce personnage peu important ne sont pas rapportés directement. Les deux points auraient pu signaler le début d'un discours

---

[13] « On s'avise alors de l'identité qui existe entre Lol et S. Thala, à retrouver les mêmes lettres : Lola Stein fournirait à la fois le début (st) et la fin (la) de S. Thala », Béatrice Didier, L'Ecriture-Femme, P. 279. Puf.

[14] Op. Cit. P. 45.

[15] Op. Cit.P. 37.

direct. Or, la voix narrative couvre en quelque sorte ces paroles. Elle les noie, par la suite, dans un discours indirect libre qui renvoie la gouvernante à un simple rôle d'actant : "Il n'y avait pas longtemps qu'elle était chez les Bedford et elle ne l'avait jamais vue encore agir ainsi." L'absence de verbe introducteur estompe la frontière entre le discours indirect rapporté et le discours indirect libre. Nous entendons la voix de la gouvernante derrière la voix narrative. Celle-ci se charge donc, toujours, de filtrer la parole "secondaire".

De même, la narratrice révèle sa deuxième source Tatiana Karl. Toutefois, elle se permet d'évaluer les dires de cette femme. Elle se montre, en cela, particulièrement sévère et ne ménage aucune susceptibilité : "Voici, tout au long, mêlés, à la fois, ce faux semblant que raconte Tatiana et ce que j'invente sur la nuit du casino."[16]. Cette citation montre une opposition entre deux récits : celui de Tatiana, personnage du roman ; et celui de la narratrice. Les statuts sont différents puisque Tatiana semble totalement fictive par rapport à la narratrice qui détient le pouvoir de la narration. Aussi, les récits ne peuvent-ils être placés sur un même plan. Le "faux semblant" est destiné à la parole du personnage, tandis que l'"invention" ou encore la création caractérisent et déterminent celle de la narratrice. En effet, un narrateur, quel qu'il soit, ne peut pas faire semblant, car le pacte avec le lecteur en souffrirait. Il ne peut qu'inventer ou imaginer ; tel est parfois son rôle. En revanche, un personnage, de par son statut même, peut se permettre des "faux semblants" car le lecteur n'est pas directement visé.

Ce jugement de valeur porté par la narratrice laisse aussi entrevoir la qualité de ses rapports avec Lol. Il est vrai que la voix narrative aime son personnage. Aussi, même inventif, le récit narratorial ne peut-il émettre de "faux semblants". Au contraire, il sera enclin à magnifier le personnage avec lequel il entretient des liens d'amour.

Le récit de Tatiana Karl laisse à désirer. Aussi la narratrice en enclenche-t-elle un autre, revu et corrigé par elle : "Je ne crois plus à rien de ce que dit Tatiana, je ne suis convaincu de rien". En somme, le roman du *Ravissement* se présente comme le récit d'une remise en question d'un récit.

La narratrice se découvre alors le statut d'un "je" à la fois biographe et archiviste. Elle devient le collecteur d'informations à la recherche de témoins. Le récit prend les allures d'une vaste enquête. Les termes appartenant au champ lexical policier entrent dans la narration : "Jean Bedford en a témoigné auprès de Tatiana Karl, qu'elle reprenait place dans

---

[16] Op. Cit.P.14.

l'ordre qu'elle y avait laissé."[17] Est-ce alors une volonté d'authentifier le récit ? La narratrice sacrifie-t-elle à l'effet de réel ? Veut-elle aussi "faire vrai" ? S'approprier ce "comme si" trompeur dont parle Philippe Lejeune ?

On peut croire, en effet, que la voix narrative entretient constamment ce que Jakobson appelle la fonction conative et phatique du langage. Son récit, au départ, devient l'histoire d'autres histoires racontées par d'autres. Le témoignage de Jean Bedford nous vient, par exemple, de Tatiana. L'effet "récitationnel" joue pleinement : un personnage dit à un autre personnage qui répète à la narratrice. *Le Ravissement de Lol V. Stein* devient une mosaïque de paroles rapportées.

Cependant, la narratrice met ce procédé en abyme. Les récits des autres personnages perdent de leur pouvoir dès qu'il passent par l'instance narrative. En effet, ces propos secondaires ne sont mentionnés que pour leur propre destruction. La narratrice les incorpore à son récit afin de mieux s'en éloigner. Elle prend peu à peu ses distances par rapport à eux. Leur passage dans le texte signifie leur propre mise à mort [18]. La narratrice phagocyte la parole des actants. Elle fait place nette et dans la trame narrative et dans l'esprit du lecteur dans le but d'y inscrire son "histoire" : "A partir de quoi, je raconterai mon histoire de Lol V. Stein." [19] L'authentification n'est donc pas le but premier de la narratrice. Il s'agit d'abord de procéder à une sorte d'évacuation de paroles inutiles. Lol V. Stein doit pouvoir évoluer dans un espace vierge et nouveau, afin de recommencer une nouvelle "histoire" qui ressemblera peut-être à l'ancienne, celle d'avant U. Bridge, la première période de S. Thala.

b) Une narratrice « profileuse » et avant-gardiste

La narratrice abandonne alors son rôle d'archiviste et de témoin pour celui d'actrice au côté de Lol V. Stein. Plus on avance dans le récit et plus le temps de l'écriture rejoint celui de l'histoire. La narratrice rejoint elle aussi les rues de S. Thala : "Je l'ai suivie, à plusieurs reprises sans que jamais elle ne me surprenne, ne se retourne happée par-devant elle, droit" (p.39). Le syntagme "à plusieurs reprises" fonctionne comme une sorte d'indice « in-

---

[17] Op. Cit.P.43.

[18] « L'écriture n'en finira pas de nous convoquer à un rendez-vous auquel il est impossible de se rendre, comme si l'événement s'était imposé en détruisant d'emblée ce qui permettra ensuite d'en témoigner », par Monique Schneider, « Au seuil de l'immolation ». Editions de l'Université de Bruxelles. (P.125).

[19] Op. Cit. P14.

formant », pour reprendre le terme de Roland Barthes. Nous supposons que la narratrice s'est intéressée à ce personnage avant même l'écriture du livre. Il existe donc une histoire avant celle qui nous est maintenant racontée. La citation présuppose encore qu'il n'y a pas eu de hasard. Les agissements de la narratrice-personnage ont été prémédités. En outre, la voix narrative interprète souvent les comportements du personnage. Les rapports deviennent plus intimes puisqu'il est question de physionomie. Jusqu'ici il n'était question que de mode de vie. Maintenant, la narratrice s'attarde sur le corps de Lol, comme pour mieux cerner le personnage et se rapprocher de lui :

- "La rigueur de son manteau gris, ses robes sombres…" (p.41).
- "Le sourire captif de Lol… La suffisance immuable de son sourire…" (p.42).
- "Puis un jour ce corps infirme remue dans le ventre de Dieu." (p.51).
- "Quel est ce corps tout à coup dont elle se sent pourvue ?" (p.53).

Une intimité s'installe entre les deux instances. Le corps se trouve forcément au centre du drame puisque Lol est désormais imperméable à la douleur. Le terme d'"infirme" en rapport de contiguïté avec "Dieu" crée une forte tension dans la phrase. Les mots prennent une allure baroque du fait de leur intense connotation. "Infirme", "ventre" et "Dieu" inscrivent déjà dans le langage commun une réalité. Mais employés dans une même phrase, ces mots marqués idéologiquement et reliés syntaxiquement, se heurtent de par leur signifié. L'image d'un accouchement transparaît dans les "interstices" de ces termes. Dieu a un ventre dans lequel remue un corps déjà infirme. Les deux signifiés sont complètement déviés de leur contenu sémantique :

- d'abord, l'idée de Dieu ("le ventre de Dieu")
- ensuite, l'idée de la naissance (un corps infirme remue).

Une lecture première dénote que Dieu est assimilé à une femme. Le Dieu unique dont parlent les Evangiles est pur esprit. Il est question quelquefois de son souffle ou de son regard. Parfois, de façon purement symbolique, Dieu apparaît à travers certaines parties du corps, tels que le doigt ou le bras. Il n'est jamais question de son ventre. Cette partie-ci, en revanche, traduit davantage l'annonce faite à Marie. La femme en parturition est nettement évoquée ici puisqu'un corps bouge dans ce ventre. Or, cette image traduit une certaine violence, une douleur évidente car la difformité caractérise déjà ce corps en mouvement.

Une deuxième lecture, plus profonde, dévoilerait le sens caché dans cette phrase : Marguerite Duras, dans un de ses nombreux entretiens, explique que le terme de "Dieu" ne fait jamais allusion au pur esprit et au créateur de l'univers. Elle dit encore que "Dieu" est un mot qui existe et qu'il faut, par conséquent, utiliser. Aussi, ce terme désigne-t-il, pour elle, l'univers, l'ensemble, le tout. A la lumière de ces nouvelles définitions, on devine les signifiés de la phrase qui termine subitement un chapitre : Le corps infirme représente Lol dépossédée de sa propre souffrance, amputée de la douleur. L'"infirme" remue donc dans le ventre de Dieu, c'est-à-dire dans un certain espace du monde, posé ici, dans l'oeuvre pour le tout ou l'ensemble. Le mouvement dessiné par cette jeune femme, au sein de S. Thala, symbolise le réveil de Lol après dix longues années de sommeil. La narratrice a déplacé les signifiés des signifiants "Dieu", "ventre" et "corps infirme". Il s'agit d'une double métaphore puisque d'une part, la narratrice a transporté des mots d'un signifié à un autre. D'autre part, elle transporte Lol d'un espace à un autre. Celle-ci, en effet, passe de U. Bridge à S. Thala. L'écriture ainsi que le personnage se trouvent métaphorisés (du grec métaphora, transport) : "les rues portèrent Lol V. Stein durant ses promenades.[20]" La narratrice déploie une sémantique de la notion phorique.

Elle se transporte aussi, de par sa puissance créatrice, car elle voit Lol et distingue les moindres signes sur son visage. Elle se rapproche de son personnage jusqu'à perdre son statut de narratrice : "J'ai vu en la suivant – posté caché face à elle – qu'elle souriait parfois à certains visages…" [21]. La voix narrative se libère de son immatérialité et prend chair. Par une sorte de contamination, cette folie consistant à suivre des personnes, gagne peu à peu la narratrice. Elle s'assimile au personnage qu'elle ne cesse de suivre. Il arrive parfois que l'individu suivi conduise lui-même son suiveur. Cette dialectique s'installe entre Lol-personnage et Duras-narratrice.

Cette complicité va jusqu'à une espèce de synergie : l'écriture et la visualisation se déroulent conjointement. Le présent d'évocation régit les verbes. La narratrice oublie la temporalité et fait comme si les événements avaient lieu au moment où elle écrivait :

- "Je vois ceci : la chaleur d'un été qu'elle a distraitement subie…" [22].
- "J'invente. Je vois"[23]

---

[20] Op. Cit. P 39.
[21] Op. Cit.P.42.
[22] Op. Cit.P.53.
[23] Op. Cit.P.56.

- "Je vois comment elle y arrive..." ; me souviens... Lol. je la vois..."[24].

Cet oubli d'une chronologie stricte et rigoureuse rend ce récit remémoratif, selon les termes de Philippe Lejeune. En effet, seules importent les impressions qu'ont laissées les événements dans l'esprit de la narratrice (c'est le temps "de la mémoire s'impliquant elle-même"). Ce monologue remémoratif est d'ailleurs proche du monologue autonome en ce sens qu'il provoque la simultanéité de l'évocation et de l'événement. Les manifestations du personnage et l'intériorité de la narratrice s'inscrivent dans une certaine contemporanéité.

Il arrive aussi que l'instance narrative se substitue aux actes du personnage. L'illusion romanesque se brise puisqu'il n'est plus question de créer cet effet de réel : la voix narrative montre alors qu'elle fait "comme si". Le "j'invente" remplace "le personnage a commis telle ou telle action". La narratrice ne se présente pas seulement comme une simple oreille, une quelconque informatrice mais aussi comme un personnage. On assiste à une étrange revendication : la narratrice cherche un autre statut : celui d'une parole à la fois diégétique et créative. Cette voix raconterait tout en inventant les chaînons manquants et tout en se mettant en scène ; devenant ainsi une sorte de metteur en scène-acteur.

Au demeurant, les relations de la narratrice et du personnage ne sont pas clairement repérables. On ignore totalement la nature et les lieux de leurs rapports sinon un lien amoureux.

De fait, la narratrice se montre à la fois homodiégétique quand elle devient personnage et hétérodiégétique quand elle allègue le statut de témoin. Tantôt, elle se situe hors de la sphère du personnage et remplit pleinement le contrat d'un narrateur créateur. Tantôt elle s'introduit dans l'espace [25]de son héroïne au même titre qu'un autre personnage, espion ou détective. Ecrire et agir constituent un même acte. La narratrice fait ce qu'elle écrit ou écrit ce qu'elle fait dans la simultanéité. Comme le pense Jean Starobinski, le narrateur est en mesure de se promener du discours à l'histoire. Le présent évocateur ramène la narratrice vers un pur discours comme il peut 1a plonger dans l'histoire de son personnage. On ne peut donc pas affirmer que le

---

[24] Op. Cit.P.62.

[25] L'espace dans lequel Lol erre ou s'enferme est avant tout son espace psychique dont S. Thala, par exemple, n'est qu'une figure. Lol vit dans un espace qui n'a pas une véritable consistance. D'après un article de Béatrice Didier, Thèmes et Structures de l'absence dans Le Ravissement de Lol V. Stein, à partir de la page 63. Editions de L'Université de Bruxelles.

présent du *Ravissement* appartient au discours puisqu'il gère à la fois la narration et la diégèse :

- "On dit qu'il vit à Paris...".
- "Je vois comment elle y arrive".

L'on peut simplement distinguer un présent indépendant, libre, dirait-on, des autres temps grammaticaux. Il s'agirait alors de ce présent d'évocation qui fait coïncider l'écriture et l'événement. On peut enfin rapprocher le second type de présent du passé composé. Il s'agirait de ce temps du discours ou du commentaire propre à l'instance narrative : "Elle a un frère plus âgé qu'elle... Je ne l'ai jamais vu".

Cet éclatement de la voix narrative ne dure pas. Comme cela apparaît dans le roman *Le Vice-Consul,* la narratrice délègue ses pouvoirs à un second narrateur. Elle passe ainsi le relais à Jacques Hold, l'amant de Tatiana Karl

C) Le narrateur – témoin

Jacques Hold se présente au lecteur comme à un enquêteur ou une instance judiciaire, lui conférant un statut d'investigateur [26]. En effet, le personnage décline ses nom, prénom et qualité. Nous possédons en quelque sorte la carte d'identité de cet homme. Dans un tout autre contexte, la scène se déroule comme lors de passations de pouvoirs. L'héritier de la parole narrative s'avance et expose son curriculum vitae : "Trente-six ans, je fais partie du corps médical. Il n'y a qu'un an que je suis arrivé à S. Thala. Je suis dans le service de Pierre Beugner..."[27].

Cette présentation laconique permet d'évacuer assez vite l'identité du second narrateur. Il n'en sera plus jamais question. Ce personnage nouveau n'intéresse le lecteur que dans la mesure où il a approché Lol V. Stein.

En outre, cette manière de procéder autorise à parler d'une démarche herméneutique. On cherche à mettre en pleine lumière les moindres replis de la personnalité de Lol V. Stein.

---

[26] « Tout est raconté par Jacques Hold et ses sources sont en partie de deuxième main ; il en complète aussi les chaînons manquants afin d'obtenir une organisation plus logique », Yvonne Guers-Villate, Continuité-discontinuité de l'œuvre durassienne, P. 100, Editions de l'Université de Bruxelles.

[27] Op. Cit.P.75.

Le livre devient, pour ainsi dire, une cour d'assises fictive devant laquelle les témoins cités à comparaître doivent se plier à un interrogatoire d'identité. Toutefois, il ne s'agit ici ni de droit ni de justice. L'amour seul unit les personnages. Aussi Jacques Hold se livre-t-il sans réticence. Selon les termes de Dorrit Cohn[28], son récit comporte de nombreux monologues intérieurs.

a) Les monologues intérieurs

Jacques Hold apparaît en narrateur intra et homodiégétique. Il a connu le personnage principal et a vécu aussi intensément les événements. Lol et Jacques Hold sont en quelque sorte des contemporains. Le narrateur Hold possède un certain avantage sur la narratrice : il est véritablement un personnage ; du moins le lecteur le croit-il car il confirme l'illusion romanesque. Il est tout à fait plausible qu'un personnage raconte la vie d'un autre.

Toutefois, il semble que l'intrusion de Jacques Hold-narrateur opère une sorte de déviation dans le roman. Les nombreux monologues autonomes ou remémoratifs vont peut-être remettre en question l'importance de Lol V. Stein. En effet, un lecteur se montre toujours sensible à l'intériorité d'un personnage. Il est constamment avide de confidences. Aussi nous demanderons-nous s'il s'agit encore d'une Lol V. Stein "ravie" ou d'un Jacques Hold "ravi". Sur quel personnage agit donc ce ravissement ? Jacques Hold ne tente-t-il pas d'éclipser Lol et d'usurper ainsi sa place dans l'espace romanesque de la narratrice, à l'instar d'Anne-Marie Stretter dans le coeur de Michaël Richardson ? Le titre « Le Ravissement » trouverait une nouvelle justification : Lol serait ravie aussi par la parole d'un autre personnage, dépossédée d'abord de son amour, puis de son aura de personnage. Mais jusqu'à quel point peut-on accorder du crédit aux propos de Jacques Hold ?

En effet, le témoignage est toujours rédigé par une personne qui a connu le modèle ou le protagoniste. Mais l'information nous parvient à travers le parti-pris d'un individu. La situation n'est pas totalement parfaite puisque le témoin a, semble-t-il, été par trop impliqué dans la vie de Lol. Il ne peut donc faire preuve d'objectivité. Les premières paroles de Jacques Hold révèlent la fascination qu'il subit de la jeune femme. Il en vient à parler surtout de son propre ravissement : "Dès que Lol. a pénétré dans la maison elle n'a plus eu un regard pour moi." [29].

---

[28] La Transparence intérieure, Puf.

[29] Op. Cit. P75.

Le pronom “moi” termine sa première phrase sur Lol et donne le ton des récits à venir. Jacques Hold désire déjà être regardé. C’est de son propre corps qu’il s’agit puisqu’il souhaite que les yeux de Lol. s’y posent. En outre, la tournure “pas un regard” dénote le regret et la souffrance du narrateur-témoin. Le syntagme “pour moi” insiste sur ce qu’il estime être un droit et dont il est frustré.

Le ravissement se produira plus tard lorsque Lol V. Stein rendra ce regard qui lui était dû. Le corps de Lol est évoqué par les effets qu’il produit sur la personne de Jacques Hold. Le personnage féminin devient le miroir de la subjectivité narrative seconde. Le lecteur apprend ainsi à connaître Hold, l’homme qui a approché Lol : “La chaleur entière de sa respiration m’a brûlé la bouche. Ses yeux… Quand ils se sont rouverts j’ai eu sur moi aussi son premier regard d’évanouie” [30].

Les données de ces phrases présupposent que le narrateur tient Lol dans ses bras. Ce dernier décrit bien sûr la scène comme s’il s’y revoyait. Bien plus, il livre même les sensations qu’il éprouvait alors. La dernière partie de la citation ne comporte aucune virgule. Le narrateur traduit ainsi l’intensité de ses sentiments. Il n’est de place pour aucune coupure. La phrase s’élance avec la spontanéité même de la pensée. De plus, le “moi” du narrateur réapparaît (“sur moi”) pour signaler encore l’intériorité de Jacques. Seule la préposition diffère : “pour” devient “sur”. L’attribution se change en une circonstance bien précise. Le second morphème “sur” réduit la distance qu’avait établie le premier entre Jacques et Lol. “Pour” désignait plutôt des rapports symboliques ; “sur” indique un lieu, un point dans l’espace, des relations quasi physiques. Le ravissement de Jacques Hold passe d’abord par le corps.

Enfin, la fascination qu’exerce Lol s’inscrit dans un monologue autonome à présent instantané vide de tout événement. Les informations partent essentiellement du “moi” narratorial. Nous pénétrons au cœur d’une subjectivité qui se livre sans complaisance comme s’il s’agissait d’une confidence directe, d’une dictée intime ou d’une plongée dans le moi secret : “Sa seule vue m’effondre. Je voudrais faire, dire, dire un long mugissement… Je me tais… Je dis…”[31].

Le présent instantané traduit la douleur et l’impuissance du narrateur face à un conditionnel libérateur mais irréel (je voudrais… Je me tais). Le narrateur vit un paradoxe : son pouvoir de paroles lui est retiré. Que fait un narrateur sans parole ? Aussi les verbes “faire” et “dire” sont placés sur le

---

[30] Op. Cit.P.173.
[31] Op. Cit. P130.

même plan. De même qu'un "long mugissement" peut être une parole, une parole de communication peut devenir un cri de folie, capté seulement par un locuteur privilégié, Lol. par exemple : "…Tous mots fondus et revenus au même magma, intelligible à Lol V. Stein". Tout se passe comme si Lol et Hold avaient trouvé un langage mystérieux et commun, compréhensible d'eux seuls.

Par conséquent, Jacques Hold, d'une part, révèle dans ses divers monologues, un éblouissement que reflète l'importance des regards donnés ou confisqués, d'autre part, il traduit son impossibilité à dire son amour. Il ne peut que revivre devant le lecteur, cette souffrance silencieuse. A la manière de la narratrice première, Jacques Hold fait correspondre alors l'écriture et l'événement. Le décalage temporel a disparu. Des présents d'évocation, nombreux dans son récit, créent une coïncidence du temps de la narration et du temps de l'histoire : "Le lendemain je m'arrange pour m'absenter… Je la cherche… Je pars. Je veux éviter d'aller à l'hôtel des Bois, j'y vais… Je repars"[32]. Certes, le narrateur second respecte la chronologie des principaux faits. Mais un même paragraphe très peu ponctué, rend ces mêmes événements quasi contemporains. C'est comme si tout cela se déroulait à la même vitesse. L'amplitude entre les actes des personnages paraît réduite. La mise en scène du temps reste éloignée de la réalité. Le narrateur a procédé à une sorte d'accélération.

Au surplus, cette narration simultanée présente les actions indifféremment de l'intérieur et de l'extérieur. Soit nous nous contentons de voir Jacques Hold dans ses agissements. Soit nous pénétrons, si l'on peut dire, sa "pensée". Le lecteur possède en quelque sorte tout pouvoir. Il vit à la fois la focalisation externe et la focalisation interne. C'est ainsi que nous pouvons lire à travers les lignes, les contradictions du personnage-narrateur. Une phrase s'expose immédiatement à être contredite par une autre : "Je veux éviter d'aller à l'hôtel des Bois, j'y vais…". On constate que la coupure n'est pas très nette entre ces deux segments contraires. Le narrateur ne cherche pas à construire une cohérence. Il se livre ainsi, dans ses hésitations et ses bredouillements d'homme-amant. Il arrive aussi, assez fréquemment, que le narrateur nous communique ses interrogations du moment. Les diverses questions ne trouvent aucune réponse comme si nous étions revenus, avec Jacques Hold, dans l'ignorance d'alors. Le temps de la remémoration n'apporte rien de plus au narrateur, qui n'en tire, pour le moment, aucun profit. Il se veut tel qu'il était lorsqu'il assistait pour la première fois à certaines scènes : "Lol. lève la tête, s'affole ? Je vais peut-être surgir dans le

---

[32] Op. Cit. P123.

salon, faire taire Tatiana…"[33]. La description objective des événements (Lol. lève la tête) et l'introspection (s'affole ?) s'enchevêtrent. Ces deux perspectives ne sont pas vraiment séparées dans le discours narratorial. Jacques Hold ne respecte pas les formes de la rétrospection habituelle. Il n'use pas, par exemple, d'une proposition principale suivie d'une subordonnée interrogative indirecte qui donnerait : "Je me suis demandé alors si Lol s'affolait." Au contraire, la question reste directe. Le narrateur fait du passé un présent. Son récit rétrospectif, qui devrait être ultérieur aux faits, se trouve réactualisé. Il n'est donc pas étonnant de n'obtenir aucune réponse précise aux interrogations d'un narrateur qui se refuse encore à toute réflexion post-événementielle : "On dirait qu'elle attend encore à T. Beach ce qui va arriver ici. Je me trompe. Où va-t-on avec elle ?" [34].

La seconde voix narrative refuse encore toute affirmation. Elle use du conditionnel, le mode de la prudence, dirait-on. De même, outre les nombreuses questions sans réponse, le verbe "pouvoir" conjugué ou placé dans certaines locutions peuple le discours narratorial : "On peut se tromper…". L'adverbe "voici" renforce l'idée d'une narration simultanée. Le lecteur est ainsi sollicité. Il est amené très explicitement, à "voir" en même temps que le narrateur-personnage. Nous nous plaçons d'emblée dans le fait immédiat ou le futur proche. Paradoxalement, l'écriture du passé peut recréer aussi un avenir incertain

- "On peut se tromper sans cesse mais voici que non, je m'arrête…" ;
- "Nous voici chevillés ensemble." ;
- "Son corps disait déjà la proche célébration. La voici, dite tout bas…"

Le narrateur nous incite à considérer chaque événement, fût-il passé, dans sa nouveauté et dans son imminence ; cette démarche ne nous est pas absolument étrangère. Ainsi, la Bible, premier livre du passé si l'on exclut l'Apocalypse, use fréquemment de l'adverbe "voici" : Voici que je vais créer des cieux nouveaux et une terre nouvelle et ainsi le passé ne sera plus rappelé [35]" ; "Soit sans crainte, Marie… Voici que tu vas être enceinte, tu enfanteras un fils"[36]. Cependant, les narrateurs de l'Ancien ou du Nouveau Testament, placent cet adverbe dans des discours directs rapportés. Or, dans

---

[33] Op. Cit. P94.
[34] Op. Cit. P103.
[35] 65,17, ISAÏE
[36] 1,30,3 1, LUC

le *Ravissement,* Jacques Hold inclut dans son propre discours de narrateur des “voici” qui font croire que l’événement n’est pas encore passé. Les nombreux présents font penser à des mises en scènes théâtrales. Tout se passe devant le spectateur. L’acte se joue et se regarde sur un même axe temporel et chronologique. Les acteurs-personnages évoluent devant un lecteur-spectateur. La scène et la salle communient dans une même émotion esthétique. L’espace romanesque rejoint l’espace scénique.

b) Mobilité de l’instance narrative

Cette interférence n’est pas constante. L’instance narrative reste mobile. Elle peut circuler d’un monologue autonome à présent instantané vers un monologue remémoratif à présent rétrospectif. Le narrateur second, Jacques Hold, se montre parfois soucieux d’examiner les faits a posteriori. Il prend alors du recul et tente une analyse. On peut donc entrevoir un certain privilège du “moi” du narrateur sur le “moi” de l’action. Jacques Hold laisse entendre qu’il est en mesure de démêler ses sentiments : “J’ai éprouvé, cependant que je m’attendais à tout, une émotion très violente dont je n’ai pas su tout de suite la vraie nature…”[37]. La locution adverbiale “tout de suite” présuppose qu’il lui a été possible, après l’émotion première, de comprendre ce sentiment. Le passé composé fonctionne comme un temps pour la réflexion. Il est, en effet, coupé de tout présent événementiel.

On ne doit pas confondre cependant cette rétrospection de type réflexif et le présent d’évocation capable parfois de saisir le sens d’un acte. En effet, Jacques Hold peut faire preuve de perspicacité. Il lui arrive d’analyser avec suffisamment de lucidité, les comportements de Lol V. Stein, et ce au présent : “Elle m’a souri, … D’un sourire…, différent de celui que je lui *connais*” ; ou encore : “La joie d’être là… Face… à un secret qu’il *implique,* que jamais elle ne lui dévoilera, il le *sait*”[38].

Dans le discours rétrospectif de Jacques Hold, la mémoire de ce même narrateur s’implique assez fortement. Elle reprend en effet certaines informations afin de procéder à quelques retouches. Elle se corrige ; le narrateur raconte une scène particulière et le lecteur va adhérer à ses propos jusqu’à ce que lui-même vienne les démentir : “Puis l’émotion s’est apaisée un peu, elle s’est ramassée sur elle-même, j’ai pu la contenir…” [39]. Nous n’avons, aucune raison de mettre en doute ces propos puisque Jacques Hold les

---

[37] Le Ravissement de Lol V. Stein, P.119.
[38] Op. Cit. PP129,130.
[39] Op. Cit.P.120.

confirme dans un monologue intérieur. Or, vers la fin du chapitre, le narrateur nie exactement ce qu'il venait d'affirmer peu auparavant : "Je mens. Je n'ai pas bougé de la fenêtre, confirmé jusqu'aux larmes"[40]. Jacques Hold se conduit comme un psychanalysé qui rectifierait ses propres dires au fil de la conversation. L'analyse rétrospective tend vers une élaboration de la vérité existentielle. Aussi, le narrateur second Hold préfère-t-il, par la suite, rester prudent. Certains segments mis en incise le montrent : "Nous nous sommes regardés, *je l'ai cru...* "[41].

Nous assistons progressivement à une dissonance des deux "moi" du narrateur-personnage. Le Jacques Hold « racontant », en sait davantage que le Jacques Hold « agissant ». En outre, le narrateur lucide juge ses comportements du passé et sait à présent qu'il ne savait rien auparavant du drame qui se jouait : "On m'offrirait de me sauver, je ne comprendrais pas. Mon ignorance elle-même est enfermée".[42] S'exprimant au conditionnel, la voix narrative peut se permettre, avec le recul du temps, d'émettre des hypothèses concernant le passé. La parole narrative sait, à présent, que celles-ci ne se vérifieront jamais.

Enfin, le dédoublement du narrateur s'opère de façon telle qu'un dialogue semble s'instaurer entre Duras-narratrice et Jacques Hold-narrateur. Toutes ces précisions données par le biais du monologue intérieur de Jacques Hold, ramènent le lecteur vers Lol V. Stein au lieu de l'en éloigner. Toutefois, le corps ne se livre pas complètement. Les essais d'interprétation sont voués à l'échec. Le narrateur émet quelques hypothèses qu'il finit lui-même par chasser. Un passage grave définitivement dans l'espace fictif le mystère entier de Lol V. Stein : "Peut-être n'est-ce pas étourdiment que Lol, nous a réunis… Peut-être est-ce pour nous voir ce soir, peut-être est-ce pour nous voir ensemble… Je ne sais rien…"[43]. Le rythme ternaire créé par la répétition de "peut-être" se brise vers la fin dans une sorte de capitulation. La conclusion d'une ignorance totale casse les premiers élans. Le narrateur se montre quelquefois habile dans les monologues rapportés. Il se fait l'intermédiaire entre les autres personnages et le lecteur. Il apparaît comme une sorte de passerelle entre les diverses instances : "Je vois le signe de l'inquiétude passée et à venir, constante, dans laquelle doivent vivre tous ses proches"[44]. Le narrateur témoigne ici de la peur des autres personnages.

---

[40] Op. Cit. P121.
[41] Op. Cit.P.122.
[42] Op. Cit.P.118.
[43] Op. Cit.P.146.
[44] Op. Cit.P.143.

Pour une fois, il reste dans l'ombre et ne livre plus son intériorité. En revanche, il tente de mettre en lumière les profondes pensées des tiers : "On lui parle parce qu'il le faut mais on a peur des réponses". Les autres apparaissent sur scène momentanément parce qu'ils éprouvent de la peur suscitée par Lol, centre d'intérêt. Elle fait, pour ainsi dire, exister les personnages.

c) Conjonction des narrateurs

La démarche de Jacques Hold rejoint celle de la narratrice première. Il cherche à comprendre lui aussi la folie de Lol V. Stein. Il reste que la nature de leurs rapports est nouvelle puisqu'il s'agit d'une sorte d'amour à rebours. Jacques Hold joue le rôle de Michaël Richardson pour Lol. Il s'oublie totalement dans cette folle mission. Il accepte ainsi d'être aimé à travers l'image d'une autre. Le monologue intérieur de Hold finit, lui aussi par se fondre aux propos de Lol V. Stein. Comme l'inscrivait son nom, il porte Lol V. Stein jusqu'à l'abolition de sa propre instance.

Il arrivait fréquemment que le narrateur second, surtout vers la fin du roman, pénètre l'intériorité de Lol. C'est à croire qu'elle lui avait communiqué son passé et ses fantasmes : "Elle essaie d'écouter un vacarme intérieur, elle n'y parvient pas…"[45]. Hold adopte l'attitude de la narratrice, qui, elle aussi, se transformait à son gré en narrateur omniscient. Il semble à présent que le monologue autonome de Hold renferme celui de Lol. Il n'en a plus la forme qu'on lui connaît mais le contenu. Le nouveau narrateur ne dit plus "je" mais "elle", tout en conservant le privilège de scruter un intérieur.

L'exploration va plus loin. Jacques Hold communique aussi les rêves de la jeune femme. Nous abordons une autre phase : le psycho-récit : "Je vois qu'un rêve est presque atteint. Des chairs se déchirent, saignent, se réveillent…", ou encore "Lol. rêve d'une autre temps où la même chose qui va se produire, se produirait différemment… Ce rêve me contamine"[46]. Nous assistons à une disparition progressive du narrateur derrière le personnage de Lol. La jeune femme reste le personnage principal du *Ravissement.* Jacques Hold-narrateur devient comme le témoin de sa lente destruction. Prisonnier du regard féminin, il s'est posé en peintre. Il proposait au lecteur quelques portraits singuliers et inhabituels de Lol. Puis, il a glissé progressivement vers la peinture du dedans. L'intimité de la jeune femme nous était offerte.

Jusqu'où ira-t-il dans son propre effacement ? Sa parole narrative tombera bientôt aux mains de Lol. Au début du récit de Hold, les propos de Lol V.

---

[45] Op. Cit.P.131.
[46] OP. Cit.P.187.

Stein étaient la plupart du temps rapportés en discours direct ou en discours indirect. Il n'existait aucune anomalie. Or, ce procédé change vers la fin, lors du dernier séjour à T. Beach. Au fur et à mesure que les liens entre les personnages se resserrent, le narrateur second prend à son compte les paroles de Lol.

Il est d'abord question d'un discours narrativisé : "Elle part dans une longue digression sur une crainte qu'elle a...". Puis, le narrateur fait entendre la voix de Lol. derrière la scène dans une sorte de discours indirect libre : "Autour d'elle on croit qu'il n'est pas impossible qu'elle rechute un jour, surtout son mari..."[47]. L'absence de verbe introducteur (elle dit que) crée l'ambiguïté et l'unisson des voix.

Enfin, le passé composé à la place d'un plus-que-parfait de concordance traduit encore le mélange des paroles : "C'est pourquoi elle ne lui a pas parlé aussi nettement qu'elle aurait voulu". Nous pouvons tout aussi bien lire : "c'est pourquoi je ne lui ai pas parlé aussi nettement que j'aurais voulu". En passant le relais à un second narrateur, la narratrice risquait, il est vrai, d'opérer une déviation dans son roman. Les monologues intérieurs nombreux et les psycho-récits n'ont pas cessé d'enrichir le personnage de Jacques Hold. La tension restait très forte. Le lecteur sollicité, ne pouvait rester insensible aux appels à la communication. Toutefois, dans un perpétuel paradoxe, le narrateur second, en se livrant ainsi, allait bientôt disparaître. Le personnage féminin, Lol V. Stein revenait sur le devant de la scène, plus vivante et plus mystérieuse que jamais. Les moindres investigations de Hold le perdaient et ramenaient Lol à la surface du récit. La parole narrative finit par être envahie par les propos féminins. Le pouvoir, qui lui avait été donné par la narratrice, lui est enlevé par Lol.

De fait, le second narrateur n'a joué qu'un rôle de tremplin. Il s'agissait d'une sorte d'oblique tracée par la narratrice dans son espace romanesque. Pour l'auteur-narrateur Duras, il y a mille façons d'aborder et de créer un personnage. Il suffit de mettre tout en oeuvre pour cette construction. Jacques Hold est finalement un personnage-narrateur sacrifié. La parole lui avait été confiée à titre précaire. La vulnérabilité et les limites du narrateur Hold sont d'ailleurs perceptibles dans les interventions assez fréquentes de la narratrice au coeur même des monologues de Jacques Hold.

---

[47] Op. Cit.P.137.

d) Oscillations d'un narrateur à l'autre

Jacques Hold est, il est vrai, le second narrateur de l'histoire de Lol V. Stein. Mais son récit se trouve enchâssé dans le récit premier. Ce personnage-narrateur ne possède donc pas tout-à-fait le statut d'écrivain au même titre que Peter Morgan dans *Le Vice-Consul.*[48] Hold n'est jamais présenté dans l'acte d'écriture. Il raconte mais n'écrit pas. La narratrice laisse entendre ainsi qu'elle a recueilli les propos de Hold. La démarche de ce dernier est de l'ordre du discours. Il appartient à la narratrice d'en faire le récit ; du moins de mettre en scène ou en texte le discours de Jacques Hold.

Dès lors, l'on en vient à s'interroger sur les limites du second narrateur. Fait-il preuve d'indépendance ? N'est-il pas sous la coupe de la narratrice qui en sait certainement davantage ? Au départ, le lecteur est dupe. Il croit lire les écrits d'un narrateur libre et presque omniscient.

De fait, le récit de Jacques Hold se présente comme une double narration. Il s'adresse, en effet, à deux sortes de destinataires. Lorsque ce narrateur homodiégétique vise à informer le lecteur, il réitère certaines informations de la narratrice. Il semble alors marquer son indépendance. Il complète, par exemple, la biographie de Lol V. Stein. La narratrice avait dit de son père qu'il était "professeur d'université". Jacques Hold possède quelques compléments sur la nationalité du père et la matière qu'il enseigne : "Son père était d'origine allemande, il était professeur d'histoire à l'Université"[49]. Il confirme, en outre, une information concernant le frère de Lol. La narratrice avait présupposé qu'elle n'était pas certaine d'un fait. Aussi avait-elle usé d'une formule caractéristique de la "doxa" : "On dit qu'il vit à Paris"[50]. Jacques Hold utilise un présent d'habitude : "il vit à Paris". En revanche, le narrateur second rajoute un fait. Il parle de la mère que la narratrice avait volontairement écartée : "Sa mère était à S. Thala"[51].

En résumé, Jacques Hold complète son récit en y insérant des détails familiaux. Cette démarche met en évidence les liens noués entre Lol. et lui-même. La narratrice possède des sources étrangères à Lol. Jacques Hold a recueilli des renseignements de Lol V. Stein en personne, pour l'avoir rencontrée, côtoyée et aimée. De même, nous découvrons le parti pris de la narratrice qui évite la mère de Lol. comme si elle la tenait pour responsable de sa folie. De nombreux signes discursifs de ce type apparaissent dans le récit de la narratrice. Il est aisé de lire, chez elle, ce désir d'évacuer au plus

---

48 « Elle marche, écrit Peter Morgan », Le Vice-Consul, P. 9. Gallimard Imaginaire.
49 Op. Cit.P.102.
50 Op. Cit.P.11.
51 Op. Cit.P.102.

vite cette mère trop envahissante et destructrice : "Quand la mère découvrit son enfant..."[52]. L'article défini "la" pose le personnage maternel comme une entité vulnérable et redoutable tout à la fois. Il n'y aurait qu'une sorte de mère : "La mère prévenue..., arriva une deuxième fois chercher son enfant pour la ramener chez elle. Ce fut la dernière"[53]. Le choix des mots est à peu près identique (son enfant, la mère). Implicitement, nous apprenons que la mère n'aura plus l'occasion de réapparaître, ni dans la vie de Lol V. Stein, ni dans le roman.

Quand à la subjectivité de Jacques Hold, elle se manifeste à travers la présentation de Michaël Richardson. Le narrateur second refuse de l'appeler par son patronyme : "Lol a rencontré l'homme de T. Beach..."[54]. La narratrice au contraire, l'avait d'emblée identifié pour le lecteur : "Lol. a rencontré Michaël Richardson à 19 ans"[55]. Nous comprenons la réserve de Jacques Hold. Michaël Richardson représente un rival ; cet "autre" aimé de Lol V. Stein. De plus, ce premier amant reste attaché à une ville : T. Beach. Ce lieu sera d'ailleurs le théâtre de cet amour répété. Par ce patronyme, la narratrice inscrit le personnage dans son oeuvre. Michaël Richardson est l'amant d'Anne-Marie Stretter et évoluera dans *Le Vice-Consul, India Song* et *la femme du Gange*. A lui seul, il constitue un paradigme.

Le narrateur Hold se distingue encore de la narratrice par ses options linguistiques. En effet, il préfère le mot "courts" au terme de "tennis" : "Lol a rencontré Michaël Richardson... Un matin, au tennis" diffère de "Lol a rencontré l'homme de T. Beach... Un matin, aux courts". La consonance anglaise de nom "Hold" justifie le choix de "courts". Plus encore, la narratrice opte pour "tennis" parce que ce terme reviendra lui-aussi dans les romans ultérieurs. Comme "Michaël Richardson", "tennis" est un mot fétiche. En outre, il est lié à Anne-Marie Stretter, personnage dont la narratrice ne peut se défaire. Jacques Hold n'est donc pas autorisé à employer le mot "tennis". Sa parole comporte certaines frontières même si, par moments, il incline vers son indépendance textuelle.

Nous découvrons, au surplus, une dernière divergence des deux narrateurs. Michaël Richardson en fait les frais une fois de plus. La narratrice écrit qu'il "ne faisait rien". Jacques Hold affirme : "Fils unique de grands propriétaires des environs, sans emploi...". On distingue nettement deux aspects :

---

[52] Op. Cit.P.21.
[53] Op. Cit.P.30.
[54] Op. Cit.P.102.
[55] Op. Cit.P.12.

- la narratrice retient plutôt l'aspect existentiel. Nous savons, par ailleurs, l'estime que porte Marguerite Duras aux personnes qui ont le courage de ne rien faire. Elle en a fait la confidence à Michèle Porte : "Je fais des films pour occuper mon temps. Si j'avais la force de ne rien faire, je ne ferais rien… J'ai une admiration secrète pour les gens qui n'écrivent pas…".[56] Anne-Marie Stretter est aussi montrée dans l'inaction et l'inemploi du temps.

- Jacques Hold, en revanche, considère l'aspect social du fiancé de Lol. Michaël Richard n'est en quelque sorte "qu'un fils de riche propriétaire terriens". Aussi ne sera-t-il jamais un personnage "qui travaille". Il appartient à l'être et non au faire. Ce narrateur insiste, de ce fait, sur sa culture brillante. La répétition de l'adjectif "brillant" laisse peut-être deviner qu'il s'agit là d'une confession de Lol V. Stein. Il lui était facile de le constater puisqu'elle a été longtemps sa fiancée. Jacques n'a pas été à même de le vérifier. Non seulement Jacques Hold sélectionne ses informations, mais il délègue sa voix à Lol. Celle-ci intervient alors dans un domaine auquel ne pouvaient accéder ni la narratrice ni son second : ses relations avec Michaël Richardson.

Il arrive aussi à Jacques Hold de s'adresser directement à la narratrice, oubliant ainsi le lecteur. Nous sommes exclus de cette relation narratrice-narrateur second. Jacques Hold semble se justifier. Il tente d'expliquer à un destinataire précis certains événements : "Je le lui ai dit, l'idée de torture qui me venait. Elle, elle n'éprouvait rien de pareil…"[57]. Le passé composé du premier verbe transforme ce récit en une sorte de discours, de commentaire explicatif. Les relations se trouvent fortement personnalisées. On devine un rapport d'individu à individu. La répétition du pronom "elle" renforce la fonction communicative du langage. Hold désire convaincre son destinataire. Il manifeste ainsi sa tension, sa souffrance vis-à-vis d'un locuteur. Le lecteur devine une situation de communication qui placerait la narratrice-enquêtrice face à Jacques Hold, témoin de la folie de Lol V. Stein.

Parmi les temps du commentaire, selon la distinction de Benvéniste, seul le présent transforme le discours de Hold en un récit à présent intemporel. Ce temps n'exclut pas le lecteur. Il crée l'illusion du "voir en même temps que le narrateur" : "Elle ne se presse pas, le train n'est que dans cinq minu-

---

[56] Les Lieux de Marguerite Duras, P. 11, Editions de Minuit.
[57] Op. Cit.P.136.

tes, elle est un peu décoiffée…"[58]. Au contraire, le passé composé et le futur de l'indicatif effacent sensiblement la place du lecteur. C'est la narratrice qui revient en destinataire principale. Le récit mâtiné de discours de Jacques Hold lui est destiné : "Je ne saurai jamais. ça m'est égal" ; "Après, dans les cris, elle a insulté, elle a supplié… Puis il n'y a plus eu de différence entre elle et Tatiana…" [59].

Il est à noter cependant que cette frontière entre le présent scénique et le passé composé n'est pas tout à fait visible. Il peut arriver que le présent exclue aussi le lecteur. Toutefois, de façon générale, le présent introduit le lecteur dans l'espace de J. Hold. Les monologues de Jacques Hold révèlent donc jusqu'à présent une double narration. Tantôt, il s'adresse à un lecteur quelconque. Tantôt, il tente d'expliquer certains faits devant la narratrice.

Or, l'instance narrative de Hold se trouve compromise par les interventions de la narratrice. Nous observons, en effet, de fréquentes oscillations entre Hold narrateur et Duras narratrice. Une scène est particulièrement révélatrice. Jacques Hold, dissimulé derrière la baie de la maison, écoute la conversation de Lol. et de Tatiana. Pour cela, il livre quelques-unes de ses remarques quant au déroulement du dialogue : "Je vais d'une baie à l'autre, pour voir ou entendre mieux. La voix de Lol. n'est plus inquiète…". Le présent d'évocation, cher à Hold, actualise une fois de plus une scène passée. Le pronom "je" permet au lecteur de suivre Jacques Hold pas à pas.

Par la suite, la perspective change. Nous nous plaçons, à présent, dans le salon. Le récit concerne l'entretien des jeunes femmes : "Ce mensonge ne gêne pas Tatiana, au contraire. Lol V. Stein ment." Dans la logique du récit, on ne peut attribuer cette phrase au narrateur Jacques Hold qui ne possède pas encore tous les éléments du récit. Il ne sait pas encore si Lol a menti. Aussi n'est-il pas absurde de penser à une intervention discrète de la narratrice informée, elle, de tous les agissements de Lol V. Stein. Elle apparaît donc, ici, dans le but de combler certains vides du récit de Hold.

Toutefois, aucun signe typographique, aucun segment rhétorique ne signalent ce passage. Le regard narratif ou le foyer, dirait-on, s'est déplacé imperceptiblement. Le récit se prolonge sans la moindre rupture. La narratrice ne ménage donc aucune transition pour le lecteur. Ce va-et-vient apparaît clairement dans une scène d'amour. Jacques Hold attend Tatiana dans une chambre de l'hôtel des Bois, mais il a vu Lol dans le champ de seigle. Il décrit toujours les événements au moyen du "je" narratorial habituel : "J'ai tourné la tête, à bout de forces, vers la droite du champ de seigle

---

[58] Op. Cit.P.165.
[59] Op. Cit. PP.188,189.

où elle n'était pas. De ce côté-là, Tatiana, en tailleur noir arrivait. Elle a payé le taxi…" [60]. Cette description part du foyer "Jacques Hold". C'est à partir de sa propre subjectivité et de son expérience qu'il raconte les faits.

Le changement syntaxique se fait sensiblement. Les temps du discours (passé composé, présent) sont délaissés. Des passés simples font leur apparition. Au surplus, Jacques Hold est nommé par son patronyme ou à la troisième personne. La narratrice a repris la parole et décrit les personnages de son point de vue : "Jacques Hold rejoignit Tatiana… Il posséda Tatiana Karl sans merci. Elle n'opposa aucune résistance, ne dit rien, ne refusa rien…". Les dialogues des personnages viennent quelquefois interrompre le récit de la narratrice. Mais celle-ci tient à les signaler elle-même, au moyen de verbes introducteurs : "Tatiana acquiesça, consolatrice…" ; "Elle lui parla…" ; "Elle demanda s'il pouvait lui dire quelque chose de son état"[61].

Plus encore, la narratrice ne se contente pas d'une description extérieure. Elle pénètre aussi dans les secrets de Tatiana. Ses plus intimes pensées nous sont communiquées. Nous participons ainsi de ce voyeurisme collectif : "Interdite dans l'orient pernicieux des mots…" ; "Tatiana les écouta tout d'abord dans le plaisir…"[62]. L'intrusion de la narratrice, en ce domaine, s'imposait peut-être. Le narrateur Jacques Hold aurait été en deçà de cette vérité esthétique. D'un point de vue strictement féministe, seule une écriture féminine pouvait traduire au mieux l'intériorité de Tatiana dans l'amour. La narratrice a donc allégé la tâche de Jacques Hold qui aurait consisté à dépeindre une scène d'amour à laquelle il avait participé. Il ne pouvait, en outre, s'encombrer des pensées intimes de Tatiana. Le pouvoir de Jacques Hold-narrateur se limite à lui-même. Ces oscillations rappellent très fortement les jeux de caméra qui consistent à passer du gros plan à un plan plus général. L'écriture adapte les travellings cinématographiques.

Il est alors étonnant de trouver dans le récit de Jacques Hold, quelques traces de ce plan général. Peut-il ainsi se nommer à la troisième personne ? Est-il possible qu'un narrateur se décrive agissant en compagnie d'un autre personnage ? Cela paraît surréaliste. Et pourtant, à la demande de Lol, Jacques Hold use de ce procédé : "Il raconte à Lol V. Stein : Tatiana enlève ses vêtements et Jacques Hold la regarde, regarde avec intérêt celle qui n'est pas son amour"[63]. Très brièvement, la narratrice introduit le récit de Hold (il raconte à Lol). La suite ressemble à une sorte de discours direct non signalé.

---

[60] Op. Cit.P.122.
[61] Op. Cit.P.126.
[62] Op. Cit.P.123.
[63] Op. Cit.P.134.

Aucuns guillemets ne lèvent l'ambiguïté sur l'auteur du discours, si bien que nous hésitons entre la narratrice et le narrateur. S'il s'agissait du narrateur-Hold, ce récit à la troisième personne procèderait d'une mise en abyme de la narration. Hold jouerait, pour ainsi dire, à raconter. Sa démarche fonctionnerait comme une distanciation de type Brechtien. Il opèrerait un dédoublement il serait à la fois un narrateur et un personnage-narrateur, le metteur en scène et l'acteur.

Comme la frontière entre ces deux instances n'est pas bien nette, il n'est pas abusif de penser à une fusion des deux voix narratives. La narratrice raconte à la place du narrateur qui prend sa voix. Il est alors question d'une collaboration étroite des narrateurs. La description minutieuse de Tatiana ne permet pas, en outre, d'attribuer le récit à la narratrice. Seul, Jacques Hold se trouve en mesure de fournir autant de détails : "Ses clairières d'un blanc qui se nuance aux contours des formes, soit d'un bleu artériel pur, soit du bistre solaire."

Cette fusion est telle qu'il nous est impossible, par ailleurs, de distinguer les voix. Les monologues intérieurs de Jacques Hold empruntent, en effet, des tournures propres à la narratrice : "J'invente. Comme ils se taisent encore, pense Tatiana…" ; "J'invente : Tatiana parle à Pierre Beugner : il faudra que je parle de Lol. à Jacques Hold…"[64].

Le narrateur, lui aussi, comble le vide de son récit en ayant recours à son imagination. Le discours est complexe puisqu'il imagine ce que peut dire et penser Tatiana à son sujet. On peut aussi supputer, comme précédemment, une intervention de la narratrice. Mais, le narrateur reprend le récit à la première personne aussi vite qu'il l'avait apparemment abandonné. Nous ne pouvons donc opter ni pour l'un ni pour l'autre des narrateurs ; il est simplement à noter une alternance entre les deux instances qui parfois tentent de fusionner.

Dans *Le Ravissement de Lol V. Stein*, la narratrice biographe révèle d'emblée son projet narratif. Le désir d'écrire sur la vie d'un personnage qui a existé, du moins le dit-elle, débouche aussi sur le désir de se mettre en scène. La narratrice cherchait d'abord à informer le lecteur sur ses principales sources. Les propos de Jean Bedford, de Tatiana et de la bonne lui servent de point de départ à son récit. Peu à peu, nous finissons par la surprendre dans l'espace romanesque qu'elle avait conçu pour Lol, S. Thala. La narratrice-biographe-archiviste est devenue elle aussi un personnage.

Le but du roman n'est donc pas d'élaborer une version définitive et objective de son personnage mais de proposer « son » histoire de Lol V. Stein.

---

[64] Op. Cit. PP154,156.

Aussi décide-t-elle, contre toute logique du récit, d'entrer en scène et d'observer Lol. Elle délègue son pouvoir narratif à Jacques Hold en s'autorisant à intervenir dans son récit quand bon lui semble. Les monologues de Jacques Hold deviennent aussi ceux de la narratrice. De nombreuses oscillations créent sans cesse des ambiguïtés. On ne sait plus qui parle et qui agit. La voix narrative première rejoint celle de Jacques Hold dans une synthèse remarquable. La multiplicité des voix sert, de toute évidence, un projet unique : trouver Lol V. Stein. Le roman apparaît comme un tissu de voix. Chaque fibre entre dans la composition de la toile.

S'écrire ou écrire sur les autres participent d'une même action. A la manière de Robbe-Grillet, Marguerite Duras semble rejeter les thèses de Philippe Lejeune sur la cohérence de la biographie ou de l'autobiographie. Robbe-Grillet affirme que cette recherche "doit saisir la mouvance, se constituer de fragments sans cesse…"[65]. La narratrice du *Ravissement* se sert de tous les matériaux mis à sa disposition et fait vivre son personnage. Elle invente en quelque sorte une "nouvelle biographie". Elle se montre au lecteur non dans la situation d'un narrateur-auteur qui a son nom sur la couverture du livre ; mais dans celle d'un narrateur qui "va écrire". Il n'est pas dans son projet de fermer les coulisses au spectateur. Au fur et à mesure, l'écriture libère le personnage et dissipe l'angoisse du narrateur.

Enfin, le livre *Le Ravissement de Lol V. Stein* vit dans un constant paradoxe. L'oeuvre est fermée, indépendante dans sa globalité, en ce sens qu'elle a un début et une fin. Pourtant, elle s'ouvre sur l'inachèvement et l'infini : la folie de Lol reste incomprise : "Elle dormait dans le champ de seigle, fatiguée, fatiguée par notre voyage"[66]. L'œuvre de Duras se termine sur la parole d'un autre narrateur, Jacques Hold. De la même manière, Le Vice-Consul s'ouvrira sur les mots du narrateur Peter Morgan. Pourquoi Duras éprouve-t-elle le besoin de s'en remettre à d'autres narrateurs pour parler de Lol et de la jeune fille de Battambang, aussi folle que la fiancée de T. Beach ? Peut-être justement à cause de ce paramètre commun aux deux personnages féminins : la folie, ce continent noir qui effraie tant Marguerite Duras. Les deux jeunes femmes échappent à toute rationalité et plongent dans la déraison totale. Il est clair que Duras ne prend pas vraiment en charge leur histoire et qu'elle place entre ces femmes et elle un médiateur, une sorte de « Cheval de Troie » destiné à enfoncer les portes de la démence sans péril, à pénétrer dans cette cité de S. Thala qui symbolise dans les deux œuvres la fuite de la Raison et les dangers de la périphérie psychique. Lol et

---

[65] Interview accordé au Magazine Littéraire

[66] Op. Cit.P.191.

la bonzesse de Battambang appartiennent à l'enfance indochinoise de Duras. Elles procèdent l'une comme l'autre, de deux personnes que la folie guettait ou avait atteintes : la propre mère de Duras et une jeune femme de Vinh-Long qui avait abandonné son enfant avant d'errer sur les routes. De ce double vécu, la narratrice crée deux personnages et les confie à Jacques Hold et à Peter Morgan.

Toutefois, pour ce qui concerne Lol V. Stein, l'ambiguïté est plus importante. Duras dit avoir rencontré Lol dans un asile psychiatrique et avoir été frappée par son extrême jeunesse et sa propension à l'effacement. Elle révèle aussi dans des entretiens[67] autour de son écriture, qu'elle traversait une période particulièrement difficile, entre les crises dues au manque d'alcool et la peur de la folie, durant l'écriture du Ravissement. Elle confie encore que Lol est sans doute le personnage (la personne) dont elle se sentait le plus proche. Lol est sans doute une façon pour Duras d'entrer dans sa propre angoisse et d'approcher, par personnage et narrateur interposés, une folie dont elle se sentait menacée. Lol devient le double de la narratrice-auteur, une composition issue d'une personne étrangère et de sa peur intime : Lol pourrait bien être une projection de Duras elle-même. Aussi Hold, porteur de Lol, porte-parole de Duras, se voit détenteur de cette double fonction phorique : saisir la folie de Lol et la transporter dans l'écriture pour la narratrice. Il ne serait pas absurde de penser que Lol et Hold sont en quelque sorte les mêmes personnes, les deux faces d'un même miroir ou un personnage et son reflet. Les noms Hold et Lol comportent à ce titre les mêmes lettres. Aussi, comme Hold est aussi le double de la narratrice, nous nous retrouvons face à un trio de personnages et de narrateurs, séparés et unis, une trinité diégétique : Lol = Hold = Duras. Cette équation rend compte d'une symbiose entre la fiction et l'autobiographie, lorsque les instances actantes (les personnages) et narratives (les narrateurs-conteurs) portent les masques de la narratrice-auteur.

---

[67] Entretiens autour du Ravissement de Lol V. Stein, accordés à Pierre Dumayet.

II
Entre l'imaginaire et la réalité historique

Marguerite Duras révèle à Jérôme Beaujour dans un entretien au sujet d'India Song : "c'est un désespoir universel, qui rejoint au plus près un désespoir politique profond, et qui est vécu comme tel, avec calme." Les romans India Song et Le Vice-Consul ne se situent pas hors de la politique ou de l'Histoire, même s'ils ne sont pas à proprement parler des romans historiques.

Ils ne sont guère plus les reflets d'une réalité socio-historique. On ne saurait retrouver dans Le Vice-Consul le miroir de la société des années trente. De fait, ce qui est à lire n'est jamais donné. L'Histoire se voit malmenée dans les tensions internes à l'écrit. Elle se transforme, se défait, se réinvestit sans cesse.

Dans cette deuxième étude, nous tenterons d'appréhender cette "oblicité" du texte. Nous allons nous introduire dans les interstices de l'écrit afin d'y découvrir les prismes d'une réalité socio-historico-culturelle. Nous verrons comment l'Histoire de l'humanité se concentre dans ce petit espace de la ville de Calcutta. Le temps de l'écriture (1965) et le temps de l'histoire (1930) se heurteront parfois par leurs contradictions, leurs paradoxes, et s'enchevêtreront finalement dans l'histoire mondiale de l'oppression ou celle d'une colonisation vouée à l'échec.

Quelle est la part de la création et de la réalité ? Marguerite Duras brouille déjà les pistes en déclarant que le Vice-Consul a existé : il était ce petit juif de Neuilly qui lui lisait chaque soir, à une époque de sa vie, une page de l'Ancien Testament.

A) Le Vice-Consul ou l'histoire de l'oppression

On ne peut rester indifférent à cette révélation de Marguerite Duras quand on lit, dans les pages du Vice-Consul qu'il est question du jardin de Shalimar : "Il est huit heures du matin, les jardins de Shalimar sont déserts". (op. cit.p.127). La lecture de quelques pages de l'Ancien Testament montre à quel point les jardins sont importants. Le drame de l'homme ne commence-t-il pas dans ce fameux jardin d'Eden ? Ce lieu symbolise déjà le paradis perdu.

C'est encore ce mot de "Shalimar" qui nous rappelle un autre nom, Shélomon en hébreu. Le roi Salomon ou "Shélomon" est, de fait, un personnage biblique particulièrement important. En outre, ce même roi associe sa bien-aimée à un jardin, dans Le Cantique des Cantiques : - "Elle est un jardin bien clos ma sœur, ma fiancée, un jardin bien clos, une source scellée…" (4, 12).

Shalimar de Lahore et Shélomon de l'Ancien Testament créent une sorte de fissure dans l'espace romanesque. Un mot, de par sa consonance, renvoie à un autre terme, une autre réalité. Le texte disparaît sous un autre texte. La première écriture en rappelle une autre.

De plus, le Vice-Consul partage le destin des juifs pendant la période particulière d'antisémitisme des années trente à cinquante.

a) Le jardin de Shalimar : inversion des éléments symboliques du topos du jardin

Le livre de Michèle Porte *Les lieux de Marguerite Duras* traduit parfaitement l'importance qu'attache Duras aux espaces. *Le Vice-Consul* insiste fortement sur le jardin.

Généralement, le jardin possède une connotation euphorique. Le jardin dit l'amour, la pureté ou la vie paradisiaque. En Extrême-Orient, par exemple, c'est le monde en miniature. Ce lieu invite à la restauration de l'état originel. Nous le constatons dans ces lignes du poète Hi K'ang : "quel plaisir de se promener dans le jardin ! je fais le tour de l'infini…". L'Asie considère donc le jardin comme le centre du monde ou la porte du ciel où coule "une fontaine d'immortalité". Si nous quittons l'Asie pour l'Islam, nous découvrons qu'Allah est un jardinier "Le paradis est un jardin, le jardin un paradis".[68]

Or, loin d'être un paradis, le jardin dans *Le Vice-Consul* ou dans *India Song,* comporte davantage de notes dysphoriques. En effet, le jardin connote d'abord la solitude. Aucune conversation véritable ne naît d'une rencontre dans cet endroit. Les échanges de regards ou les silences sont de mise : "…Tôt, Madame Stretter faisait de la bicyclette dans les jardins de

[68] Le *Coran.75,22,23*

l'ambassade…" ou bien "Elle lui dit qu'elle l'a déjà vu traverser les jardins…" [69].

Le jardin incarne, pour ainsi dire, le lieu de la distanciation et du mouvement. Il est souvent associé au verbe "traverser". Il est une transition ; un endroit où l'on ne s'arrête pas ; une passerelle : "Apparaît le Vice-Consul… Il traverse le jardin du Prince of Wales…" ; on trouve encore : "ils traversent le salon du Prince of Wales… Dans le jardin, ils se séparent.". Quelquefois, ce lieu côtoie la mer. C'est le cas de la résidence d'Anne-Marie Stretter dont le parc et l'allée conduisent les promeneurs vers l'océan. Cet espace connotera la mort d'Anne-Marie Stretter : "Elle va regarder la mer, face au jardin…" (p. 128). Vers la fin du roman, on voit que l'allée du jardin et la mer ne forment qu'un seul et même espace. C'est comme si Anne-Marie Stretter vivait déjà dans l'attente de sa mort : "Elle a dû prendre l'allée… C'est sur la plage qu'on a retrouvé le peignoir." [70]. L'écriture, par cette périphrase, signale le suicide par noyade d'Anne-Marie Stretter[71].

Le jardin exhale aussi la pourriture et non un renouveau ou une résurrection. Il est constamment question d'une odeur putride : "le parc sent la vase… La fade pestilence de la vase…" [72]. Notons aussi que le jardin du Prince of Wales s'oppose sémiologiquement au parc de la résidence de Calcutta. Dans les Îles-des-Bouches-du-Gange, le jardin se trouve proche de la mer, alors qu'à Calcutta, le jardin s'est comme agrandi, devenant ainsi un immense parc qui sent la vase "Le parfum poisseux…".

Cet espace dysphorique renferme une fleur particulièrement dangereuse le laurier-rose. Cette fleur possède un poison. Dans l'émission *La couleur des mots,* Duras dit que les jardins de lauriers-roses sont devenus ceux "de la lèpre". Il est vrai que les lépreux du *Vice-Consul* viennent s'abriter sous ces arbustes qui conservent un peu de fraîcheur. Mais ils vivent avec ce poison "Des jardins, de ce côté-là de la ville. Les lauriers roses jettent leur parfum funèbre. Terre à lauriers-roses…" [73]. Cette métaphore rend le parfum aussi dangereux que la fleur elle-même. Tout revêt un aspect

---

[69] Le Vice-Consul, (p. 105).
[70] *India Song, p. 145*
[71] « Elle vient de prendre conscience de la fascination exercée par Anne-Marie Stretter à l'instant même où, pour tenter d'y échapper, elle a précipité son personnage dans la mort. A la fin d'India Song, en effet, Anne-Marie Stretter disparaît dans les eaux du delta du Gange. Marguerite Duras a tué « le lieu même de l'écrit »… », Aliette Armel, Marguerite Duras et l'autobiographie. P. 41. Le Castor Astral.
[72] p. 162
[73] *Le Vice Consul,* p. 166

dangereux. Le laurier-rose semble tapisser l'Inde comme une seconde terre. Par relation de contiguïté, Calcutta prend une allure macabre.

De plus, un paradoxe surgit dans la mesure où la couleur rose du laurier devrait, au contraire, signifier le bonheur ou la vie. Dans ce contexte, le rose de la fleur côtoie la lèpre, le poison et la pourriture. L'écriture du Vice-Consul semble constamment dévier les images admises communément. C'est une lutte perpétuelle contre les clichés et les préjugés sur l'univers. Le trait d'union entre les termes "laurier" et "rose" fait de ces deux morphèmes bien distincts un seul et même signe. Dans sa matérialité, "laurier-rose" possède désormais un nouveau signifié et renvoie à un signifiant renouvelé.

La voix narrative métaphorise encore cette couleur de fleur. Littéralement, sa réalité se transporte vers une autre : "Le rose des lauriers se mêle à l'aurore...". L'analogie des teintes rapproche le rose de la fleur et le rose du ciel. Une même couleur remplit l'univers indien. La phrase permet de rassembler en un point unique ce que l'oeil sépare. L'einfühlhung (une communion, un rapprochement affectif), suscité par la peinture, peut aussi se réaliser dans l'écriture. La narratrice choisit, à cet effet, des verbes qui expriment l'union, la coalescence, ainsi que des conjonctions de coordination. Ces divers matériaux syntaxiques ou sémantiques contribuent à la reconstruction de l'univers dans *Le Vice-Consul* : "Le parfum poisseux des lauriers-roses et la fade pestilence de la vase..." [74]. A l'instar du jardin, la fleur ne possède pas sa connotation habituelle. Le laurier-rose funèbre s'associe aux roses du Népal qu'Anne-Marie Stretter distribue à la fin de ses soirées. Les activités ou les choses relatives au jardin restent de l'ordre de l'ennui ou de quelque séparation. Les roses du Népal marquent le terme du bal. Les personnages se quittent : "Quand Mme Stretter distribue ses roses, c'est qu'elle a assez de nous, c'est un signal..." [75]. La narratrice rapporte les paroles d'Anne-Marie Stretter, pendant cette corvée, dans un discours direct libre. Elle ne juge pas utile en effet de les donner au lecteur dans leur version initiale. Ce sont des paroles conventionnelles, presque vides de sens. En revanche, ses conversations avec le Vice-Consul ou Charles Rossett apparaissent fidèlement dans un discours direct rapporté : "Elle dit qu'elle en a trop..." ; la narratrice commence en discours indirect. Puis, elle défait progressivement cette structure en passant à un discours indirect libre : "Elle dit que demain les salons seront vides et que les roses..." ; et en arrive enfin à un discours direct libre : "non, qu'elle n'aime pas beaucoup les fleurs". On constate que les paroles s'installent dans une construction syntaxique qui se

[74] Op. Cit.P.162.
[75] (p. 14O)

désagrège au fil du discours. C'est comme si, subitement, la narratrice négligeait son récit. Elle apporte ainsi moins de soins à ses discours rapportés. Les verbes introducteurs disparaissent de la phrase à la manière d'un objet inutile dont on se débarrasserait. Et pourtant, il s'agit de fleurs ! A fortiori de roses qui sont associées à ce plaisir d'offrir. Le geste tombe en désuétude, n'engendre que l'ennui. La fleur devient synonyme de corvée et d'activité rituelle.

Il n'est donc pas absurde, dans ce roman, de rencontrer le crime dans un jardin conçu a priori pour l'amour. Une phrase surgit à maintes reprises dans l'oeuvre : "une nuit à Lahore, il avait tiré sur les lépreux des jardins de Shalimar." Elle résume à elle seule les agissements condamnables du Vice-Consul. Les voix anonymes la répètent souvent comme une formule magique mais ne parviennent pas à l'expliquer davantage. Elles se contentent de la transformer au même titre qu'un simple exercice de maniement de la langue : "Il tirait la nuit sur les jardins de Shalimar où se réfugient les lépreux et les chiens" ; La nuit, il tirait de son balcon." [76]; "Il tirait la nuit sur les jardins de Shalimar…" (op. cit.p.63). La variété des expressions est telle qu'il n'est plus possible de connaître les véritables circonstances du crime. On finit par confondre les lépreux et le jardin lui-même. Tirait-il sur Shalimar ou sur les lépreux dans le jardin ? La phrase prend deux sens différents. En effet, le Vice-Consul désirait, soit éliminer des lépreux, soit détruire symboliquement ce lieu de souffrance et de lèpre. L'acte de tenir un pistolet et de tirer ne tend pas à la même destination. Il est dit encore qu'il appelait la mort sur Lahore. Le geste du Vice-Consul s'écarte alors du crime démentiel. Les mots "Shalimar" et "Lahore" donnent, en outre, à la phrase une note mystérieuse. La lettre "h" des deux termes et l'union du "s" et du "h" dans "Shalimar" apportent un ton étranger et énigmatique. Sémantiquement et phonologiquement, nous sommes placés devant l'inconnu.

b) Shalimar/Shélomon

"Shalimar" de par sa consonance, rappelle un nom hébraïque, Shelomon si nous consultons l'Ancien Testament nous apprenons que Salomon (ou Shelomon) est l'auteur non seulement du *Cantique des Cantiques* évoqué plus haut, mais aussi de *l'Ecclésiaste*. Or, Marguerite Duras nous informe elle-même, dans les Cahiers du cinéma, que cette lecture lui avait été conseillée par le "petit juif de Neuilly" qui, selon elle, est devenu le Vice-Consul de France à Bombay. Aussi sommes-nous amenés à nous interroger

---

[76] (India Song, p.66)

sur la transtextualité dont parle Genette. N'y aurait-il pas dans *Le Vice-Consul* l'inscription d'autre textes ?

En effet, certaines phrases de l'Ecclésiaste révèlent quelques traits du Vice-Consul. Le personnage biblique énonce sa prédilection pour le spectacle des choses : “Ce que les yeux voient est préférable à l'agitation des désirs…” [77]. Le Vice-Consul dit aussi à Anne-Marie Stretter : “Les histoires d'amour, vous les vivez avec d'autres. Nous n'avons pas besoin de ça.” [78]. L'oeuvre entière montre le Vice-Consul en situation de regard. Il ne tentera jamais après le bal d'approcher Anne-Marie Stretter. Il s'en tiendra à ce que les yeux voient” : “Il l'a vue. Reste là à la regarder.”[79]. L'Ecclésiaste décrit ainsi ses souffrances : “Tous ses jours ne sont que douleur, et son partage n'est que chagrin *; même la nuit son coeur ne repose pas.* C'est encore là une vanité”[80]. Il est vrai que le Vice-Consul est en proie à l'angoisse, surtout la nuit. La narratrice insiste sur ce fait : “Il tirait la nuit…” ; “La nuit, il criait…” ; “Je ne peux pas dormir à cause de cette chaleur, quel cauchemar !”[81].

Enfin, l'Ecclésiaste écrit une phrase qui sied parfaitement au Vice-Consul : “Mieux vaut le chagrin que le rire car avec un visage triste le coeur peut être content.” [82] En effet, les invités de la réception s'étonnent d'entendre le rire du Vice-Consul à travers ses cris et ses pleurs. Le bonheur semble naître, étrangement, d'un désespoir inexpliqué : “on entend : ne riait-il pas tout en pleurant ?”. Anne-Marie Stretter, son double, partage avec lui cette inclination au bonheur triste ou au gai désespoir. Aussi le Vice-Consul envisageait-il un système de séduction : “Je la prendrais par la tristesse s'il m'était permis de le faire”. Il dit enfin à Charles Rossett : “Son ciel, ce sont les larmes.” [83].

Anne-Marie Stretter entre aussi dans la double construction du Vice-Consul-ecclésiaste. La narratrice lui attribue, à un moment, un surnom, une périphrase “biblique” : “La maison dans laquelle de nuit et de jour tournent les ventilateurs de la *reine de Calcutta.”*[84]. Anne-Marie Stretter prend les traits de cette reine, cette reine de Sabba, qu'avait aimée le roi “Shélomon” lui-même. Au surplus, une expression leit-motiv dans les écrits de

---

[77] ch 6-V.9
[78] p.98
[79] p. 132
[80] ch.2-V.23
[81] Op. Cit. PP94,96,167.
[82] Ch.9-12
[83] Le Vice-Consul, PP.80, 167.
[84] Op. Cit.P.202.

l'Ecclésiaste, apparaît dans *Le Vice-Consul.* Il s'agit de "Vanité des vanités" : "Vanité d'Anne-Marie Stretter. Elle doit sortir de la mer...". Ces diverses remarques reflètent l'intertextualité de cette oeuvre *Le Vice-Consul.* Le texte biblique et en particulier l'Ecclésiaste, s'inscrit ou s'insinue derrière l'écriture.

Quand *India Song* reprend l'histoire ou plutôt déloge ces personnages et ces voix pour un nouveau départ, l'inscription intertextuelle se renouvelle aussi. C'est comme si la narratrice voulait matérialiser ou réactualiser le passage essentiel de *l'Ancien Testament* au *Nouveau Testament*. Le Vice-Consul assume alors pleinement son second patronyme "Jean Marc de H". Il devient de fait un personnage qui crie un nom dans le désert : "Que crie-t-il ? Son nom de Venise dans Calcutta désert." [85]. Certains chapitres du *Nouveau Testament* nous informent qu'un homme prénommé Jean Baptiste a précédé le Christ. Il était cette "voix qui crie dans le désert". Les signes se correspondent d'un texte à l'autre. Le Vice-Consul connaît comme ce personnage biblique la solitude des déserts, au coeur même de Calcutta "Oui. Toute la nuit, dans Calcutta, il a crié ce nom." [86]. Ce deuxième livre isole davantage le personnage du Vice-Consul. Les décors autour de lui traduisent le désert absolu et le silence. Dans *India Song* il est à jamais séparé des autres et condamné par la société. La connotation dysphorique du jardin se renforce : "Sanglots lointains du Vice-Consul. Dans le jardin la lumière s'obscurcit encore une fois, se plombe. Aucun vent dans le jardin désert"[87]. Ce lieu se voit définitivement associé aux ténèbres et à la mort. Il renferme les lueurs qui annoncent l'incinération des morts de la faim : "Puis au-delà du jardin, dans le ciel, lueurs... D'un feu couleur de rouille... ; "...Les crématoires."[88].

C'est enfin dans les Evangiles que le jardin offre une dimension toute nouvelle. Il n'est plus évoqué comme un lieu de bien-être ou d'amour. Le bien-aimé n'y attend plus sa fiancée. Le jardin s'appelle désormais "Gethsémani" : "Jésus et des disciples traversèrent le ruisseau pour gagner le jardin de Gethsémani." Il devient un refuge, un endroit pour les exclus. Toutes proportions gardées, il rappelle le jardin de Shalimar dans lequel s'abritaient les lépreux et les chiens. Shalimar et Gethsémani expriment et renferment la même souffrance : les lépreux sont tués par un homme de pouvoir ; Jésus y est arrêté afin de comparaître devant ses juges. L'espace,

---

[85] op. cit.p.49
[86] p. llO
[87] Op. Cit.P.49
[88] Op. Cit.P.52.

qu'il soit nommé de maintes façons, raconte toujours la même histoire : celle du crime.

Qu'on lise Shélomon derrière Shalimar ou l'Ecclésiaste dans les discours du Vice-Consul, l'écriture révèle une construction solide et composite du personnage.

Le Vice-Consul est multiple et intemporel. A lui seul, il procède de plusieurs textes croisés. Il combine plusieurs écritures. La narratrice a montré, ainsi, l'aspect universel de la littérarité. Le personnage dans l'oeuvre proprement dite incarne l'impossibilité de l'être. Il est l'homme des limites. Les autres personnages du roman l'évitent comme s'il s'était agi d'un autre fou de Dieu, d'un second Messie. Comme il est question d'un homme dérangeant, la société "blanche de Calcutta" hésite à la fois à le condamner et à l'accepter : « C'est cet homme brun près du bar » [89]. L'association du présentatif et du démonstratif fait du Vice-Consul une sorte de "monstre" (celui que l'on montre du doigt). Il est désigné à l'aide de trois segments syntaxiques : "c'est", "cet" et un syntagme prépositionnel de lieu "près du bar". La phrase constitue, en elle-même, un gros plan sur le personnage. Puis, comme l'on a procédé pour les juifs, le Vice-Consul fait l'objet d'une description physique minutieuse. Chaque aspect de son corps apparaît comme un trait distinctif : "Il est grand, brun…" ; "son visage est inexpressif…" ; "cette voix sifflante, c'est la sienne…" [90]. Progressivement, ces détails deviennent remarquables, étranges, presqu'anormaux. On finit par porter des jugements de valeur : "On voit mal ses yeux…" ; "…Sa voix bizarrement privée de timbre, un rien trop aigus…" [91].

Ensuite, la calomnie fait son oeuvre. La rumeur circule et fabrique le crime du Vice-Consul. De fait, on ne sait pas grand chose sur les actes du personnage. Les gens se contentent de certains silences entre les mots, ce qui accentue le mystère. Chacun croit trouver l'horreur dans les silences ou les non-dits des discours[92]. Ce sont les points de suspension qui créent la mauvaise réputation du Vice-Consul : "Vous voyez bien comme c'est difficile… Avec quels mots dire ce qu'il faisait à Lahore ?[93]". *India Song* répand

---

[89] Op. Cit.P.93.
[90] Op. Cit. PP.100,123.
[91] Op. Cit. PP.100,124.
[92] « Dans ces dialogues romanesques forcés, quand quelqu'un parle, c'est son refus de parler qui devient alors sensible ; son discours est son silence : renfermé, violent, ne disant rien que lui-même, sa massivité abrupte, sa volonté d'émettre des mots plutôt que de parler » Maurice Blanchot, Le livre à venir, P. 209. Gallimard.
[93] Op. Cit.P.96.

plus sournoisement cette parole diffamatoire. Les voix I et II s'arrêtent parfois brusquement comme si elles étouffaient un cri ou exhalaient un soupir :

« Voix 2

- "…Vient chaque nuit…

Voix 1

Le Vice-Consul de France à Lahore…

Voix 2

- Oui.

- En disgrâce à Calcutta… Silence. » [94].

Les phrases laconiques presque nominales donnent du relief au mystère et à la malédiction qui enveloppent le Vice-Consul. Les voix disent et se taisent à la fois. Elles semblent regretter les paroles qui viennent juste de leur échapper. Elles paraissent craindre que ces mots ne les atteignent et ne les exposent à un danger. Le pronom "il" par exemple est évité. Le prédicat ouvre la phrase. Le Vice-Consul serait une sorte d'intouchable : celui dont on évite l'ombre même.

Enfin, cette dernière étape franchie, la peur et la méfiance s'installent. Le Vice-Consul est un homme à éviter, un monstre sanguinaire, un minotaure, dirait-on. Charles Rossett s'efforce de lui parler en vain. La communication se trouve à jamais en échec : - "Parlez-lui un peu, il le faut.

- Je m'y fais mal, dit Charles Rossett, je dois l'avouer". (p.101) Le refus de parler se fait plus virulent à la fin du roman : "mais laissez-moi tranquille, je n'ai pas envie de vous parler…" [95].

Nous avons voulu montrer que l'exclusion du Vice-Consul n'est pas immédiate : la société blanche de Calcutta ne le condamne pas d'entrée de jeu. Il lui faut passer par cette épreuve de la soirée à l'ambassade. Ce moment sert de pivot. Il représente le point culminant du rejet ou, si l'on veut extrapoler, cette flambée de l'anti-Vice-Consul ou de l'anti-juif. Les divers paliers reflètent la montée progressive de l'antisémitisme qu'incarne Jean Marc de H. Le doute s'efface de nos esprits quand nous nous attardons sur certaines descriptions des décors indiens. L'univers concentrationnaire se devine clairement. Observons ces phrases : - "La nuit, les palmiers se tordent dans le vent, on dirait que des trains sillonnent l'Ile… Les palmiers mugissent comme des trains lancés à toute vitesse dans la campagne…". Le passage est entièrement métaphorisé. La narratrice a personnifié les arbres en leur prodiguant de la souffrance. Des hommes semblent souffrir à la place des palmiers qui "se tordent" ou "mugissent". Les formules compara-

---

[94] India Song, P.27. Gallimard.

[95] Le Vice-Consul, P.168.

tives "on dirait que" et "comme" introduisent l'image des trains de la mort dans l'espace indien. De plus, la tournure passive "lancés" laisse entendre que ces trains sont conduits par des mains anonymes. La voix narrative métonymise la machine en ce sens qu'elle existe à la place d'un homme qui la conduirait. Le tout est pris pour l'individu. Les trains apparaissent dans leur matérialité sonore. Ils sont les sujets des verbes. Ils agissent humainement comme ces « trains de la mort » à la sombre époque nazie qui semblaient se diriger de manière autonome, les nuits vers des camps. Le mot "campagne" résonne aussi dans un contexte précis : ces convois de la mort se dirigeaient toujours à l'intérieur des terres, dans le continent, loin de la mer. L'intertexte se manifeste, ici, dans le choix précis d'une comparaison par la narratrice. Il s'agit bien d'un parti pris, d'une réelle intention d'insérer dans l'espace calcuttien, un autre lieu tout aussi imprégné de barbarie et de crimes contre l'humanité[96].

Dans *La femme du Gange,* l'image de la deuxième guerre mondiale s'inscrit encore plus nettement par la présence d'un élément allemand : "Face à la mer. Enorme. Ancien palace désaffecté. Blockhaus creux aux fenêtres fermées." [97]. l'allusion est double. Elle prend forme dans le signe linguistique et dans sa réalité matérielle. En outre, les grillages fréquents dans les espaces du *Vice-Consul,* éveillent pour nous sinon le souvenir, l'idée des barbelés électrifiés des camps d'extermination : "Un grillage électrique la protège du côté nord contre la mendicité…" ; "Entre ce village et l'hôtel un grand grillage s'élève et les sépare…" [98]. Les personnages se trouvent, pour ainsi dire, enfermés dans un ghetto, qu'ils soient d'un côté ou de l'autre. La narratrice émet une sorte de jugement mais selon un procédé d'antiphrase. Elle use d'une figure de prétérition : "Bonne chose que ce grillage". L'on devine les pensées de la narratrice dans l'opposé de ses propos. Ici, elle imite les voix de cette société blanche de Calcutta dont il était question. La condamnation et le mépris de la narratrice sont tels qu'elle n'isole pas leurs paroles. Ces propos et la description des lieux occupent le même espace textuel dans un magma plus ou moins confus.

Enfin, la vision de prisonniers dans les camps de travail ou l'horrible défilé vers la mort surgit encore d'une évocation de personnages indiens

---

[96] « Elle ne se remettra jamais de ce qui est arrivé aux juifs durant la guerre, jamais/…/ Les juifs, ce trouble qui donne à voir « l'horreur dans son principe », suscitent en elle d'abord un sentiment de déjà vu, les camps de concentration de l'Asie, les lazarets hors des villages, les rues condamnés des pestiférés. » Le Poids d'une plume, P. 137, Frédérique Le belley. Grasset.

[97] La Femme du Gange, (op. cit.p.109).

[98] Le Vice-Consul, P.177.

anonymes : “Armée d’hommes en son sans plus de forces, hommes de son à cervelle de son, indolores. (p. 165) ; “Ils marchent, procession continue, sans fin…” ; “De chaque côté d’eux pendent leurs outils de chair nue”[99]. Dans *La femme du Gange,* Lol V. Stein apparaît comme une prisonnière des camps “La deuxième femme. Elle a un nom matriculaire = L.V.S.” [100]. Le terme “matriculaire” nous ramène dans l’univers d’incarcération et de tatouage déshumanisant. Le personnage reste rivé à cet endroit, enfermé dans ces lieux du souvenir. De même, la présence des crématoires dans *India Song* rappelle une autre image bien connue de la mort programmée : “Les crématoires se sont éteints.” [101].

Tous ces segments discursifs sont parsemés dans plusieurs oeuvres. Ils tissent un même réseau : celui du souvenir et de la commémoration. Les lieux, comme Calcutta ou S. Thala, contiennent les morts de l’humanité. Un espace peut engendrer un autre espace. Le personnage de la vieille dame dans *Le camion* déclare que “tout est dans tout”. La narratrice fait alors d’Anne-Marie Stretter une sorte d’intermédiaire entre les morts d’Auschwitz et l’espace culturel. Ce personnage intemporel, à l’instar du Vice-Consul, perpétue le souvenir : la narratrice de *La femme du Gange* propose sa définition d’Anne-Marie Stretter : La femme. Toujours habillée de noir. Son regard “épargnera la pensée à tous les autres. Elle pense pour tous, pour le “tout”. Ce dernier terme renferme le fondement même du projet narratif : mettre le tout dans une infime partie du monde. En quelque sorte, la narratrice fait de son écriture une vaste métonymie. Elle déplace telle réalité dans un autre contexte.

En vue d’une célébration funèbre, le personnage A-M. Stretter quitte l’intérieur du pays pour les bords de mer. L’ambassadrice propose, ainsi, sinon l’effacement des souffrances, du moins un dépassement. L’océan se chargera de répandre le souvenir comme les cendres des crématoires.

Les deux romans *Le Vice-Consul et India Song* terminent l’histoire sur la vision de la mer. Le premier procède de façon claire par la nomination : “Je m’y vois, indéfiniment photographié sur une chaise longue au bord de la mer d’Oman”[102]. Le second, en revanche, le fait indirectement. Il nomme un élément proche de la mer : “C’est sur la plage qu’on a retrouvé le peignoir”[103]. Les deux oeuvres semblent conduire le lecteur et les personnages

---

[99] Le Vice-Consul, P.176.
[100] La Famme du Gange, P.105.
[101] India Song.p.118
[102]op. cit. p.212
[103] India Song, P.145.

vers la mer. C'est cet espace infini et mouvant qui est recherché. Ce périple s'inscrit dans l'économie narrative.

Observons maintenant les dates d'écriture et de parution des romans de la configuration indienne (*Le ravissement de Lol V. Stein, Le Vice-Consul, India Song et la femme du Gange*). On s'aperçoit que leur succession correspond à un trajet du continent vers la mer. *Le Ravissement de Lol V. Stein* clôt l'histoire dans un champ de seigle. Lol était revenue à l'intérieur des terres. *Le Vice-Consul* amène verbalement le personnage vers la mer d'Oman. *India Song* fait son dernier plan sur une plage. Le peignoir d'Anne-Marie Stretter s'y trouve et suggère la mort de cette femme. Enfin, *La femme du Gange* déroule entièrement l'histoire près de la mer. En l'occurrence, le bruit de l'océan se fait entendre et remplit complètement l'espace. La mer représente l'endroit idéal pour la célébration des morts. Les personnages de ce dernier roman révèlent davantage un aspect fantomatique. Ils marchent sans vraiment se rencontrer comme s'ils se bornaient à meubler les lieux de leur souvenir : “La mer est forte, l'espace est plein de son bruit. Ils passent… Déambulation de troupeau. Transhumance sereine, organique…” Cette évocation rappelle le défilé des indiens sur les talus des rizières dans *Le Vice-Consul.* Il ne s'agit jamais de promenades. Les personnages anonymes semblent suivre une piste, un périple inscrits dans leur destin. D'un roman à l'autre, ce sont toujours les mêmes acteurs. On ne peut plus parler de personnages. Ils font partie de la structure spatiale. A Calcutta ou à S. Thala, les mêmes personnages fantomatiques défilent vers la mer, dans un but inconnu du lecteur.

Dans les phrases citées précédemment, la narratrice écrit le non dit. Elle signifie par “le mot manquant” l'impossibilité du dire. Le lecteur ne peut pas penser à un oubli. Il s'agit bien d'un refus narratif ou d'une impuissance. Il arrive que la narratrice ne puisse plus écrire.

La mer représente donc l'espace de l'oubli pour Anne-Marie Stretter et le Vice-Consul. Ce dernier suit l'ambassadrice dans cette marche vers l'océan. Devenue guide, elle l'amène vers l'abolition de ses douleurs. Elle efface ainsi les morts de Lahore dans la mer purificatrice. La dialogue n'est plus utile entre les personnages dès lors qu'ils ont atteint leur but. Les dernières scènes, en effet, sont particulièrement silencieuses comme si l'on était dans un lieu de culte : “Ils avancent les uns vers les autres. Se rejoignent dans la pénombre. Ils regardent vers la mer.” ; “…Aucune surprise dans son regard lorsqu'elle voit le Vice-Consul de Lahore”[104].

---

[104] India Song, p. 142.

Après son exclusion par la société blanche de Calcutta, le Vice-Consul, le personnage juif de Calcutta ou du monde entier, regagne le seul espace d'où il ne pourra plus être chassé : l'océan. En effet, une certaine partie de l'humanité au pouvoir avait toujours coutume de rejeter à la mer ceux dont elle ne voulait plus. A une certaine époque, n'abandonnait-on pas les fous sur un bateau au gré des flots et des marées ? Les individus dont la société voulait se débarrasser se voyaient soit confiés à la mer soit isolés dans une île. L'apôtre Jean fut, par exemple, amené vers une île déserte, appelée Patmos. C'est dans ce lieu qu'il eut les visions qu'il raconta dans L'Apocalypse. Il est aussi des papes que l'on rejeta à la mer durant l'antiquité romaine. Un des nombreux supplices infligés aux hommes prétendus dangereux, consistait soit à les plonger dans la mer pieds et poings liés, soit à les abandonner sur une barque sans voile et sans rame. La fuite vers l'océan indien pour le Vice-Consul est, par conséquent nécessaire, dans la logique du projet narratif.

Anne-Marie Stretter comme Jean-Marc de H illustrent cette diaspora juive. Ils mettent en scène tous deux la dispersion des juifs d'Europe et l'indifférence d'une certaine société à leur égard. La mer représente, en somme, l'espace parfait pour une commémoration. Il s'agit d'une libération. Anne-Marie Stretter ouvre pour le Vice-Consul les portes de Lahore et de Calcutta, afin qu'il puisse regagner l'infinité océanique. Tous évolueront désormais dans un univers marin, le monde de S. Thala ou de Thalassa. *La femme du Gange* les y conduit. La narratrice a fait du Vice-Consul un porteur de la parole et de l'histoire juives. Sa mise à l'écart correspond à la montée de l'antisémitisme dans les années trente. Son histoire commence dans le jardin de Shalimar. La silhouette du roi Shélomon s'y profile aussi. Calcutta renferme une reine, celle qui a pouvoir d'ouvrir les portes de la "blanche ville" : Anne-Marie Stretter. Dès lors, l'Histoire parle. Les discours du Vice-Consul s'imprègnent de ce pessimisme propre à L'Ecclésiaste. Les nuits et les jours deviennent des enfers pour le personnage exclu. Il reste l'océan pour dernière demeure.

c) Des bribes de récits de vie

Le roman *Le Vice-Consul,* loin de refléter l'Ancien Testament ou un manuel d'Histoire traitant de la diaspora juive, se joue dans la confrontation de plusieurs réalités. La réalité historique n'occupe pas tout l'espace. L'autobiographie y place aussi certains de ses éléments. Marguerite Duras l'entend ainsi : "Tout a commencé avec cette lecture (L'Ecclésiaste) faite à dix huit ans". (Les Cahiers du Cinéma).

On trouve alors de curieuses analogies. Ajoutons d'abord qu'il nous a été impossible de vérifier certains point autobiographiques de Duras. On ignore, par exemple, si elle a entretenu des rapports amicaux avec l'écrivain Henry de Montherlant. Mais là n'est pas notre préoccupation. Nous nous attachons plutôt au traitement, par la narratrice, des éléments extérieurs au récit et à leur inscription dans l'œuvre…

Intéressons-nous donc aux initiales du personnage : Jean-Marc de H. Henry de Montherlant partage étrangement ces lettres. M D H se lit aussi à l'envers H D M. Certes, il se peut que cela ne soit que pur hasard ! Mais l'étude biographique de l'écrivain nous confirme dans cette idée. Des rapprochements sont possibles :

- on apprend que sa famille alla aussi loger à Neuilly, comme celle du Vice-Consul : "Jean Marc de H a gardé le petit hôtel particulier de Neuilly." (p.39).
- La biographie de Montherlant nous informe, par ailleurs, qu'adolescent, il a été renvoyé d'un collège religieux.

Le roman de Duras raconte aussi que le Vice-Consul subit un renvoi : …"De Montfort pour mauvaise conduite, il n'est pas précisé laquelle." (p.39).

Il est signalé que le père est décédé avant la mère, pour l'un comme pour l'autre. On trouve encore une analogie dans leurs relations féminines. Henry de Montherlant détestait ces bals et ces garden parties auxquels il était obligé d'assister. Il finit par rompre deux fois ses fiançailles.

Le Vice-Consul tourne constamment en dérision le mariage et se moque de ses parents qui tentaient de lui trouver une femme : "Elle me cherche une femme qui ne serait pas laide, plutôt belle en robe du soir" [105]. Jean Marc de H pousse l'ironie jusque dans le choix du nom : "Nicole Courseules est un nom qui pourrait convenir". "Courseules" fonctionne par prétérition. Les femmes choisies pour le Vice-Consul seront toujours "seules". Enfin, le Vice-Consul comme l'écrivain ont fui Paris et le monde européen pour un autre univers. L'écrivain choisit l'Afrique du nord et le Vice-Consul choisit l'Inde. Dans les deux cas, les modes de vie diffèrent.

On ne peut affirmer que la narratrice s'est directement inspirée de l'homme Henry de Montherlant pour son personnage. On ne peut que constater divers rapprochements qui laissent perplexe. La narratrice, en outre, est

---

[105] Le Vice-Consul, P.209.

aussi, quoi qu'on dise, un esprit pétri d'autres écritures. *Le Vice-Consul* raconte certains aspects de la vie coloniale administrative. La société "indigène", par exemple, souffre de cette colonisation.

Or, Henry de Montherlant dénonce, lui aussi, dans *La Rose de sable* certains vices de l'administration coloniale. En somme, même si la narratrice n'en est pas vraiment consciente, une écriture se déploie toujours à travers ou contre d'autres textes. Les interférences sont nombreuses. Il convient de lire alors dans ce que Barthes nomme les "interstices" du récit. Un roman pourrait bien mettre en scène l'histoire d'une vie réelle dans une vie fictive !

Ainsi, la bonzesse dont Peter Morgan raconte la vie, dès les premières pages du *Vice-Consul,* pénètre-t-elle aussi dans l'intemporalité. Elle représente un type, une partie de la population du globe. Alors que les autres personnages évoluent dans un espace indien, les acteurs indiens, eux n'occupent pas constamment les lieux. Ils paraissent à des moments précis du roman. Ils font comme partie du décor, rivés aux jardins de lauriers roses et aux rives du Gange. Parfois, ils marchent, un plateau à la main, dans les salles octogonales de l'ambassade. Ils possèdent des endroits bien circonscrits. Les personnages européens et indiens vivent complètement indifférents les uns des autres. La communication entre ces deux groupes est inexistante. Les membres de la communauté blanche de Calcutta ignorent à la fois le vrai dialogue et évitent de se mettre à l'écoute de "l'indigène". Le seul personnage intermédiaire est Anne-Marie Stretter.

B) La juxtaposition de deux classes

La narratrice du *Vice-Consul* ne donne pas la parole au personnage indien. Aussi est-on en droit de s'interroger sur son statut dans le roman de la configuration indienne.

a) Le personnage indien

En effet, il est assez paradoxal de placer les lieux de romans en Inde et d'imposer, pour ainsi dire, le silence aux habitants du pays concerné.

Il est vrai que les actants indiens apparaissent peu agissants. Ils se présentent, pour la plupart, allongés à même le sol, étalés dans la vase des parcs ou dans la poussière des rues indiennes :

- "Dans le Gange, déjà, les pèlerins gris..." [106]. La voix narrative leur donne la couleur de la terre. Ils semblent s'unir au décor dans une masse compacte. Les indiens ne sont pas individualisés comme le Vice-Consul ou Peter Morgan. La narratrice les évoque toujours collectivement. De nombreuses expressions génériques, voire péjoratives, accompagnent leur entrée en scène : "Une horde dolente..."; "Les agglomérats de lépreux sur la rive..." ; "Nid de fourmis grouillant..." [107]. Le terme "horde" prend une signification particulière. Il désigne, généralement, des groupes d'hommes qui commettent des actes de violence. Le mot négativise déjà le peuple indien. L'expression "les agglomérats" n'est guère plus flatteuse : elle désigne surtout des ensembles de minéraux ou des groupes d'habitations. Les indiens subissent, ici, une chosification, de la même manière que le "gris" avait réifié les pèlerins. Enfin, le mot "nid" les ramène à un stade d'animal. Dans la première histoire du Vice-consul, celle narrée par Peter Morgan, la jeune bonzesse était assimilée soit à des mouches soit à un buffle. Il semble que cette qualification soit appropriée aux actants indiens du *Vice-Consul.*

Cette présentation négative contamine la mise en page. La typographie rend compte aussi de cette dévalorisation. En haut de la page 31, nous lisons ceci : "L'état du ciel malade, le matin, rend blafards, à leur réveil, les blancs non acclimatés de Calcutta...". Ce passage concerne le groupe européen de l'espace romanesque. En bas de page, nous lisons encore : "Dans le Gange, déjà, les pèlerins gris, sur les rives, toujours les lépreux, ils se réveillent et regardent." Ces lignes s'attachent à décrire une certaine couche du peuple indien. Or, nous remarquons que l'instance narrative place le ciel et les "blancs non acclimatés" en haut de page, cependant que le bas est réservé au fleuve et aux lépreux. L'espace de la page matérialise l'espace fictif. L'un et l'autre établissent une correspondance.

Il arrive aussi que leur venue dans les lieux romanesques soit anonyme, à peine suggérée ("Il y a un remue-ménage derrière la porte de la cuisine...") : la formule impersonnelle et l'article indéfini "un" dépersonnalisent les indiens davantage. Au surplus, la narratrice use d'une tournure passive qui efface les sujets de l'action et ses destinataires. Nous ignorons mais nous devinons qui donne et qui reçoit : "Beaucoup de nourriture JETEE ce soir derrière les cuisines de l'ambassade"[108]. Le participe passé "jetée" intensifie l'intention dévalorisatrice. Du reste, la position des affamés renforce leur peu d'importance dans ce lieu. Ils se placent non seulement dans la sphère

---

[106] Le Vice-Consul, P.31.
[107] Op. Cit. PP30,32.
[108] Le Vice-Consul, P.105.

des cuisines, ce qui n'est déjà pas flatteur mais encore derrière elles. C'est un double rabaissement de l'individu. La dépréciation de la nourriture conduit à l'avilissement du personnage indien.

Cette minimisation s'accompagne d'une sorte d'aveuglement. A l'opposé de Peter Morgan, par exemple, les indiens lépreux regardent dans le vague. Leurs yeux n'atteignent aucun objet précis. Il s'agit d'une sorte d'intransitivité du regard : - “Ils se réveillent et regardent…”. Dans la même page, la narratrice montre la transitivité du regard de Peter Morgan : “Aujourd'hui lui qui se regarde”[109]. Elle marque une certaine insistance. L'adverbe “aujourd'hui” et la forme accentuée du pronom “lui” suivie d'une subordonnée explicative pose et fixe le personnage dans l'acte précis du regard. Cette perspective s'oppose à l'attitude incertaine des lépreux du Gange.

En revanche, l'œuvre *India Song* marquerait davantage la présence de l'indien. Mais leur évocation passe par le bruit ou par cette parole qu'on qualifierait de magmatique : - “Le bruit de Calcutta : rumeurs forte, majeure. Autour : rumeurs diverses cris réguliers de marchands. Chiens. Appels lointains”. Les descriptions se font plus précises et plus variées. Il n'était pas question de marchands ou d'appels dans *Le Vice-Consul.* La narration a comme élargi la sphère indienne. Toutefois, les syntagmes nominaux ne possèdent aucun déterminant (*rumeurs fortes ou cris réguliers*). Les lieux ne sont pas indiqués avec précision. On ne trouve pas de compléments de lieu. Paradoxalement, les prépositions n'introduisent rien. Elles ne s'accrochent nulle part : “autour” donne du sens à lui seul. La narratrice semble davantage soucieuse de qualifier que de repérer des lieux pour le lecteur. Il s'agit, pour elle, de donner une couleur ou des impressions de Calcutta. Elle se place surtout du point de vue des sens. Elle évite la rationalisation et la structuration de l'espace indien. Les gens sont donc partout à la fois. Ils occupent l'air, les jardins, les rives du fleuve et l'eau. La terre indienne c'est aussi l'homme indien.

La narratrice semble descendre dans ce que Roland Barthes nomme “l'intraduisible… Jusqu'à ce qu'en nous tout l'Occident s'ébranle et que vacillent les droits de la langue paternelle”.[110]

L'instance narrative ne cherche pas à expliquer ou à traduire les mots des hommes indiens. Son but est de les donner à entendre. Le lecteur conçoit cette langue comme un tout mêlé aux bruits ambiants. La narratrice s'arrête à la masse bruissante des mots : - “Cris au loin, de joie, appels dans cette

---

[109] Le Vice-Consul, P31.
[110] L'Empire des Signes, Champs Flammarion, P. 11.

langue inconnue l'hindoustani"[111] ; l'hindoustani étant la langue officielle de l'Inde.

Mais dans cette oeuvre, la présentation de l'homme indien n'aboutit pas à sa personnalisation. Celui-ci demeure dans le domaine du confus et du bruyant. Notons aussi que les aboiements de chiens se perçoivent en même temps que les cris des marchands.

On peut dire que le personnage indien est catégorisé. Il devient collectif. Aussi est-il possible de distinguer plusieurs types d'actants indiens.

Dans *Le Vice-Consul,* les lépreux occupent la première place. C'est à croire que le peuple indien en entier souffre de la lèpre. A maintes reprises, la voix narrative y fait allusion. Ils détiennent la particularité de coucher à même le sol ou dans les jardins de lauriers-roses. Ils paraissent incarner, pour AnneMarie Stretter, le summum de la souffrance et de la misère humaines : "Toujours les lépreux, ils se réveillent"[112]. L'usage de l'adverbe "toujours" peut surprendre, car les lépreux sont nommés pour la première fois. La narratrice fait comme si elle rappelait cette présence. Ce procédé inscrit les lépreux dans une actualité constante et même antérieure au récit. Elle semble dire ils ont toujours été là, avant mon écriture.

Par la suite la narratrice désigne cette catégorie au moyen d'une périphrase. Les lépreux sont atteints aussi dans leur esprit. La lèpre s'est répandue sur l'ensemble de leur corps. La voix narrative crée une nouvelle sémantique de ce terme. Il désigne en effet tout ce qui ronge progressivement la chair ou l'esprit. Anne-Marie Stretter se voit ainsi dotée "d'une lèpre du coeur". Les lépreux, quant à eux, ont perdu la raison : - "Les autres fous de Calcutta sont déjà arrivés" ; - "Elle évite les claques des fous, les coups" [113]. Les lépreux garderont cette appellation dans *La femme du Gange.* Ils habiteront un seul type de personnage : "le fou". Dans ce récit, palimpseste des deux précédents, œuvre étrange et onirique, la narratrice les place au cœur d'une ville qu'elle nomme S. Thala[114] qui les fige et les immortalise.

Dans Le Vice-Consul, la narratrice évite toute fusion ou superposition. Le roman de 1965 ne met pas les blancs de Calcutta et les indiens en rapport direct. On ne voit pas, par exemple, les indiens dans leur fonction de domes-

---

[111] India song, p.22

[112] Le Vice-Consul, (p.31)

[113] Le Vice-Consul, PP.105,149.

[114] « Naturellement le nom surgit sous sa plume, pour dire les vastitudes maritimes, les grands espaces où la terre et la mer se lient dans une confusion originelle, où la mer n'est plus tout à fait la mer, où la terre envahie par la mer y ressemble quelquefois », Marguerite Duras, Vérité et Légendes. P. 94. Alain Vircondelet. Ed. Du Chêne.

tique, comme cela est souvent montré dans *India song.* Les actants indiens se répartissent soit parmi les lépreux, soit parmi les pèlerins soit parmi ces files de gens affamés et maigres. De fait la narratrice, par ce parti pris, choisit l'aspect le plus négatif de l'Inde. L'oeuvre *Le Vice-Consul* révèle ainsi une vision déconcertante et pessimiste de Calcutta. C'est que l'intention narrative n'est pas la peinture de la société indienne dans les années trente. Le désir initial durassien consiste à montrer ce que voit le Vice-Consul de Lahore. Les lépreux constitueraient alors une obsession pour Jean Marc de H. qui n'a de regard que pour eux. La narratrice traduit cette idée fixe à travers la réitération d'une scène : "Titubant il commence à marcher le long du Gange entre les lépreux" ; "L'image du Vice-Consul qui marche le long du Gange, qui tombe sur les lépreux endormis…"[115].

India song offre donc une seconde perspective. L'actant indien est d'abord un domestique. L'ensemble des scènes se déroule dans les salles de l'ambassade ou à l'hôtel du Prince of Wales. Une image type-cliché rend compte de cette nouvelle fonction. Le serveur indien tient toujours un plateau. Il est montré dans l'action de servir : - "Un domestique indien passe. Il porte un plateau sur lequel il y a des coupes de champagne pleines." Le verbe "passer" rend souvent compte de leurs principales actions : - "Un domestique… Passe, il traverse les salons de l'Ambassade de France…". En effet, les domestiques ne sont pas autorisés à peupler les lieux longtemps. Le texte les évacue une fois leur geste accompli. Ils possèdent, outre la fonction de servir des coupes de champagne, celle de perpétuer la mémoire d'une morte, comme s'ils remplissaient maintenant une fonction d'ordre sacré :

- "Un domestique entre, allume une lampe, très faible, dans un coin de la pièce… Peut-être allume-t-il des bâtons d'encens contre les moustiques. Vide des cendriers…"[116].

Toutefois, la narratrice se montre réservée quant à la signification de ces gestes. Elle cherche même à brouiller les pistes par une hypothèse invraisemblable. En effet, le premier acte *d'India song* concerne davantage le souvenir. Les personnages qui y évoluent sont morts, expliquent les Voix I et II. Aussi, plusieurs scènes se déroulent-elles sans la succession logique et précise d'une sorte de commémoration, un rituel qu'une mémoire, entité extérieure au récit théâtral, s'imposerait. Tout cela apparaît au gré des évocations. Les voix font vivre tel ou tel personnage : "Les trois personnes sont comme atteintes d'une immobilité mortelle… Les voix baissent, s'accordent

---

[115] Le Vice-Consul, PP.150,151.
[116] India Song, P.30.

avec la mort du lieu… La femme habillée de noir, qui est devant nous, est donc morte"[117]. Les voix suivent leur propre itinéraire. Elles ressentent de la peur à certains moments comme si les personnages venus d'outre-tombe détenaient quelque pouvoir. Il est probable que ces voix aient été elles-mêmes liées à ces individus dont elles se souviennent maintenant :

- "Voix I (angoisse, très bas) : Anne-Marie Stretter…
- Voix II (bas) Comme vous êtes pâles… De quoi avez-vous peur ?"[118]

Enfin, la narratrice introduit dans son oeuvre une troisième catégorie d'indiens, plus euphorique peut-être. Il s'agit de pêcheurs et de musiciens. Ils entrent pour la première fois dans l'espace d'*India song* : "Au loin, bruits lointains, de rames, d'eau remuée. Puis celui de rires, de cithare… Des pêcheurs du Gange. Des musiciens"[119]. La musique indienne fait l'objet, pour la première fois, d'une évocation. Le *Vice-Consul* assimilait la parole ou les activités indiennes à des bruits et à des rumeurs.

On peut expliquer cette exception par la proximité de l'élément marin. Nous avons vu précédemment que l'eau revêtait une importance considérable dans l'oeuvre Durassienne. Elle est souvent porteuse d'euphorie et d'oubli. Les souffrances s'effacent au contact de l'eau. La bonzesse, par exemple, parvient à se perdre dans le Gange. Sa longue marche cesse avec la découverte de ce fleuve. Le Gange transporte donc ces pêcheurs musiciens et apporte à *India song* une note de joie retrouvée. Pourtant, on ne peut s'empêcher de songer à une autre réalité implicite dans l'oeuvre : les gondoles et les musiciens vénitiens. Or l'on connaît les origines vénitiennes d'Anne-Marie Stretter (Anna-Maria Guardi). La narratrice n'aurait pas résisté à l'envie d'ajouter à India song une touche italienne, dès lors que l'on connaît son attachement pour le personnage d'Anne-Marie Stretter. La cithare, cousine de la lyre, chante l'amour et se rattache, par là même, à Venise, ville que l'on ne peut évoquer sans songer à l'amour.

Cette vision particulière du fleuve indien brise toutes les notes quelque peu dysphoriques que l'on a pu remarquer jusqu'ici. Mais elle reste unique et isolée, car la répartition des catégories indiennes dans Calcutta demeure dévalorisante.

A l'intérieur de la ville, ils occupent des sphères bien délimitées. Le lecteur garde alors l'impression que l'espace s'organise en cercles. Les promenades de Charles Rossett servent de motivations à la description spatiale. Nous découvrons une structure étonnante :

---

[117] op. cit.p.17
[118] India Song, P.16.
[119] Op. Cit.P.38.

- "Le bord du Gange, les lépreux et les chiens emmêlés font l'enceinte première...".

- "Les morts de faim... Font la dernière enceinte...[120]".

La narratrice pose ainsi les limites de l'espace. Les personnages se retrouvent donc encerclés soit par des lépreux soit par des affamés. Calcutta se voit dotée de frontières qui ne sont ni politiques ni géographiques mais humaines. La misère et la souffrance caractérisent cette délimitation. L'instance narrative désire cette radicalisation. L'ensemble doit exprimer, doit produire de la douleur, car l'histoire du *Vice-Consul* est entièrement faite de déplaisir et de désenchantement. La ville n'est pas construite sur le mode du labyrinthe comme chez Robbe-Grillet, mais d'un point de vue sphérique. De nombreux cercles concentriques emprisonnent les personnages dans une sorte de tourbillon gigantesque. Le fleuve en représente le noyau et le gouffre qui tente d'aspirer les individus.

Les Îles-des-Bouches-du-Gange ne présentent pas davantage un espace idéalisé. Les cercles humains disparaissent au profit de grillages. Le paysage y est entièrement quadrillé de fils électriques : - "L'île est grande, à l'autre extrémité il y a un village très bas qui touche la mer. Entre ce village et l'hôtel un grand grillage... les sépare"[121]. Les annotations spatiales dans ces lignes présupposent une fois de plus que les indigènes vivent au bas de l'île. L'hôtel conserve la partie haute. On devine facilement que le village, touchant la mer, court plus de risques que l'hôtel du Prince of Wales. L'espace visualise, par conséquent, les différentes catégories sociales et creuse davantage les fossés entre les indiens et les blancs "non acclimatés" de Calcutta.

En résumé, nous sommes amenés à remettre en question le statut du personnage indien. Il n'entre pas dans le schéma actanciel que propose Greimas. Il n'est ni sujet, ni destinateur, ni destinataire. Les rôles d'adjuvants et d'opposants ne lui sont même pas confiés. On ne peut guère parler ici de héros problématique. Le "personnage" indien ne revendique rien. Il se contente d'être tel que la narratrice le montre : affalé sous des arbustes de lauriers-roses ; allongé sur les rives du Gange ; posté dans une file de gens affamés ou derrière des cuisines. La narratrice ne le présente pas non plus en situation de communication. Pas un seul indien n'adresse la parole à un de ses compatriotes. Le dialogue est également inexistant entre eux et les cercles blancs de Calcutta. Il est vrai que l'instance narrative couvre (de sa voix) de préférence les rares interventions de l'homme indien ; les

---

[120] « Au cœur des cercles, ces « enceintes » qui enferment la blanche Calcutta », article de Madeleine Borgomano, P. 44. L'arc. Duponchelle.

[121] Le Vice-Consul, P.177.

tournures passives nous empêchent d'entendre Anne-Marie Stretter donner ses ordres aux domestiques : "Les restes doivent être donnés aux *affamés* de Calcuua..." [122]. Les phrases du domestique indien s'insèrent dans le discours narratorial. La voix narrative voile la voix indienne : "Par la porte entrouverte, la tête apparaît avec ruse et prudence. Monsieur doit se réveiller"[123]. L'indien devient alors un personnage collectif introduit dans un ensemble de personnes ou subit une réification de l'espace.

b) Le personnage européen à Calcutta

Précédemment nous avons dit que la nourriture était victime d'une dépréciation. Les restes sont "jetés" aux affamés. Au sein de la sphère européenne, les aliments sont gaspillés. Les soirées à l'ambassade donnent l'occasion d'un étalage d'aliments. La narratrice signifie cela par la description d'un élément spatial et de sa modification, 71 pages plus loin, de ce même élément : - "Anne-Marie Stretter est près du buffet..." ; - "Devant le buffet vide de la salle octogonale..." [124]. Au début de la réception, la simple allusion au buffet laisse deviner une abondance de nourriture. La fin de la soirée annonce la disparition de la nourriture. L'utilisation du temps, inscrit entre ces deux moments, passe avant tout par les goinfreries et les libations.

Le personnage de la bonzesse partage aussi ce désir d'aliments en surabondance. Aussi peut-on la considérer comme un point de jonction entre le groupe indien et le groupe européen. Elle surgit des poubelles de l'ambassade de France à Calcutta. Elle participe elle aussi de ces banquets. Par une sorte de dérision, Peter Morgan voudrait la mettre en laboratoire au même titre qu'un élément végétal ou animal. L'analyse qu'il désire faire d'elle concerne une fois de plus la nourriture : "Je voudrais analyser cette crasse, dire de quoi elle est faite, ... De sandwiches au foie gras de tes réceptions... Vous dégoûter, foie gras, poussière, bitume, mangues, écailles de poisson, sang...". Le corps de la mendiante est fait de cette nourriture dépréciée, dévalorisée, gaspillée au cours des nombreuses réceptions. Elle représente tout ensemble les aliments et les excréments. Elle fait à la fois fonction de nutrition et d'excrétion. Elle n'a de présence qu'organique. D'un point de vue symbolique, la bonzesse incarne la colonie et son envers, c'est-à-dire les blancs des ambassades et la saleté des poubelles environnantes. Elle figure l'ambivalence de la colonie, un signe de réversiblité. Son

---

[122] *Le Vice Consul,* p.36
[123] Op. Cit.P.47.
[124] Op. Cit. PP92,163.

corps porte les stigmates contrastés de la famine, de la pourriture d'une part, et de l'opulence d'autre part.

Deux sortes d'européens habitent alors l'espace indien dans *Le Vice-Consul :* les indifférents et les sensibles. La narratrice opte pour la salle octogonale de l'ambassade comme cadre pour les représentants de la première classe. Nous avons montré combien les voix anonymes de la réception faisaient preuve de cynisme lorsqu'elles associaient les lépreux et les chiens : - "J'ai confondu de loin, comme ça, à travers la musique, les aboiements des chiens, et ceux des lépreux qui rêvent"[125]. La narratrice porte aussi son regard sur d'autres individus face auxquels elle se montre particulièrement sévère : - "Depuis trois mois, c'est toujours les mêmes journalistes qui s'empiffrent et qui s'endorment chez toi…" [126]. Le verbe "s'empiffrer" évoque de nouveau la nourriture. Le paradoxe naît de cette coexistence de la famine et du gaspillage.

On peut distinguer encore dans cette catégorie, un sous-type. D'abord, les amis d'Anne-Marie Stretter se démarquent de ces journalistes. Ils se montrent conscients de la famine et des réalités indiennes. Toutefois, ils n'en souffrent pas. Une scène en est révélatrice. Les amants de l'ambassadrice sont amenés à parler de la bonzesse et de son étrange destin. Ils s'étonnent de sa survie : - "Elle est sale comme la nature même, ce n'est pas croyable…"[127]. A la fin de cette conversation dont le thème s'est avéré dramatique, les personnages retrouvent leur gaieté comme si la famine et l'horreur indiennes n'avaient représenté qu'un entracte pour eux. Les diverses évocations de la misère n'ont en rien modifié l'intériorité des amants. Ils se sentent aussi libres et heureux qu'auparavant : - "Ils sont gais. Ils dînent. La nourriture est excellente"[128]. Le dernier terme "excellent" donne à cette scène une ton des plus dérisoires.

Pareille absurdité naît aussi des sommeils d'Anne-Marie Stretter, inclus entre les phrases des amants. Peter Morgan explique et raconte les péripéties de la bonzesse à une femme qui dort.

La narratrice ménage ironiquement un crescendo qui va du silence au sommeil profond : - "Anne-Marie Stretter se tait…" ; Les autres continuent de parler : - "Je la vois parmi des jeunes filles… obscène… Elles mangent des poissons crus…". L'on s'interroge alors sur le sommeil d'A. M. Stretter : - "Anne-Marie Stretter dort-elle ?". L'acte se termine dans la

---

[125] Le Vice-Consul, P95.
[126] Op. Cit.P.160.
[127] Le Vice-Consul, P.182.
[128] Op. Cit.P.184.

constatation du sommeil : “Anne-Marie Stretter dort, elle ne peut pas entendre… Elle dort.” Cette scène crée de plus une mise en abyme, non pour l’oeuvre du *Vice-Consul*, mais pour le roman qu’écrit Peter Morgan.

Tout se passe comme si la narratrice s’amusait à détruire l’histoire encadrée (le roman de Peter Morgan), comme manière de dérision. Michaël Richardson annonce le destin de l’histoire : “discours inutile et silence profond”[129]. Le personnage signale ainsi l’absurdité et l’inutilité d’un tel projet : peut-on écrire sur la douleur d’un peuple ? Peter Morgan entre en effet dans la catégorie de ces personnages en mal de “souffrances”, serait-on tenté de dire. Très cyniquement, la narratrice avait défini ainsi son personnage romancier : - “Peter Morgan est un jeune homme qui désire prendre la douleur de Calcutta… que son ignorance cesse avec la douleur prise.” (p.29).

La démarche de Morgan est vouée à l’échec. Il ne peut que se situer en deçà des souffrances éprouvées par les morts de faim et les lépreux. Cette douleur-ci lui est refusée. La narratrice fait dire à Anne-Marie Stretter sa pensée profonde. On croirait entendre la voix narrative : - “Rossett, attendez-vous à souffrir. - Je suis prêt. - Non, dit Anne-Marie Stretter, on le croit mais on ne l’est jamais”[130]. Le personnage, porte-parole narratif, s’exprime dans un présent intemporel, dit gnomique.

Ces européens cherchent, en quelque sorte, dans la douleur indienne, un moyen d’échapper à leur ennui. Aussi, l’un de ces personnages propose-t-il une sorte de recette miracle : “on ne peut parler de cette douleur que si on assure sa respiration en nous…”. La souffrance, pourtant réelle chez le personnage indien, devient chez l’européen le signe d’un certain dandysme. C’est à qui s’appropriera la douleur la plus exacerbée. La souffrance de Calcutta leur permet de fuir une Europe qui ne leur procurait plus rien d’exaltant.

Enfin, il convient d’isoler Anne-Marie Stretter et Le Vice-Consul de Lahore. Loin de s’habituer aux Indes, ils en souffrent, et meurent. Les voix *d’India Song* laissent souvent échapper cette phrase : “…Ne supportait pas…”. Les deux personnages vivent l’impossibilité d’accepter en toute sérénité l’idée des lépreux pour le Vice-Consul et celle des affamés pour Anne-Marie Stretter. Tous deux ont tenté d’y remédier, chacun à sa façon : l’un par le crime, l’autre par le don. Le Vice-Consul distribuait la mort aux lépreux de Shalimar. Anne-Marie Stretter distribuait des surplus de vie.

---

[129] Le Vice-Consul, P.184.
[130] Op. Cit.P.160.

A vrai dire, cependant, ni le crime, ni la mort n'ont mis fin aux souffrances. Ces deux voies n'ont conduit nulle part. Jean-Marc de H manifeste sa douleur invivable par le cri : - "Je ne sais que crier..." [131]. Anne-Marie Stretter traduit ses souffrances par des larmes, même si les raisons lui échappent. La douleur des affamés vit en elle constamment : - Je pleure sans raison que je pourrais vous dire, c'est comme une peine qui me traverse, il faut bien que quelqu'un pleure, c'est comme si c'était moi"[132]. La narratrice fait de cette femme l'ambassadrice des souffrances de Calcutta. Le personnage porte les affamés et les lépreux en elle comme elle endure et transporte dans l'océan les crimes du Vice-Consul. L'oeuvre elle-même, *Le Vice-Consul,* devient une vaste parabole du Christ sauveur. De même que le Fils de l'Homme prit sur lui les péchés des hommes, de même Anne-Marie Stretter absorbe et rejette par les larmes les misères de la ville. La narratrice, à l'image de Dieu, sacrifie son personnage par excellence, pour les fous de Calcutta.

Dans cette deuxième section, nous avons vu que les romans *India song* et *Le Vice-Consul* ne sont pas écrits indépendamment de l'Histoire et du monde. Un roman peut donc refuser un engagement politique mais néanmoins mettre en scène une certaine perspective politique. Marguerite Duras dit de ses livres : "ce n'est pas seulement la mort de l'Histoire qui est écrite dans *India son*g, c'est la mort de notre histoire".

La narratrice ne s'oublie pas et n'abolit pas son univers lorsqu'elle compose ses diverses histoires. Ses personnages deviennent les témoins d'un temps universel. Ils voient tout, ils découvrent "l'ensemble" ou "dieu" (selon les termes de Duras). Ils observent, dans l'inaction ou le désespoir, la souffrance des opprimés, qu'ils soient lépreux, juifs ou colonisés. Ils assistent, dans le ciel du tiers-monde, à la lente désagrégation du monde.

Ces deux romans réalisent, en quelque sorte, la fin du monde : "que tout aille à sa perte", disait la vieille dame du *Camion.* L'histoire mise en action, écartelée entre les lépreux tués, les juifs torturés et les mendiantes stériles de la colonisation, raconte le mal de l'Occident. Le Vice-Consul ou la mendiante sont des personnages collectifs, des "types". Ils incarnent une politique, un choix du monde à un point donné dans le temps. Jean-Marc de H peut être le roi Salomon ou l'Ecclésiaste ou encore un juif déporté, torturé devant l'indifférence européenne. La mendiante vit dans la peau d'une jeune fille née de la misère ou issue de "cette poubelle des colonies" dont parle Marguerite Duras, laquelle d'ailleurs y est née.

---

[131] *India Song,* p. lOO
[132] Le Vice-Consul, P.198.

L'autobiographie surgit aussi du traitement de l'Histoire dans le roman. Nous savons combien difficilement Marguerite Duras a vécu la colonisation et la décolonisation de cette Asie du sud-est. La fiction peut, par là, rejoindre l'enfance. C'est encore à Michèle Porte que la narratrice auteur déclare : - "Vous êtes dans un milieu, dans un espace donné, vous parlez le langage du milieu… Et puis on vous apprend… Qu'il faut cesser de voir ces petits vietnamiens parce que c'est pas des Français…" [133]. Mais la bonzesse de Battambang, aura tout perdu, excepté cette langue maternelle qu'elle répand dans le Gange et dont le chant enfantin de Battambang résonne comme un rire moqueur, au cœur d'une Calcutta étouffante, véritable enfer pour Européens dépressifs, tel le Vice-Consul, amené à tirer sur cette douleur indienne, relégué au rang des lépreux indésirables.

[133] *LES LIEUX DE MARGUERITE DURAS,* p.61, Michèle Porte, Ed. De Minuit.

III
L'enfance dans le récit[134]

A) Remarques liminaires

On pourrait croire que la narratrice d'un *Barrage contre le Pacifique* ou de *L'amant,* rédige une sorte d'autobiographie fidèle. En effet, ces deux romans prennent pour espace l'Asie du sud-est, lieu d'enfance de Marguerite Duras. De plus, les personnages semblent une reproduction de la réalité. La mère de Suzanne, par exemple, est institutrice comme l'était la mère de M. Duras. Il est question aussi de deux autres garçons, les frères de l'héroïne[135]. Tous ces éléments pourraient faire croire à un récit de vie. Or, même dans ces romans proches de l'autobiographie, l'écriture n'a de cesse de détourner le réel.

Suzanne dans *Un barrage contre le Pacifique* dément ou contredit cette même Suzanne de *L'amant.* D'un livre à l'autre, le même personnage change de destinée. On apprend, entre autres, dans *L'amant,* que *cette «* Suzanne », avatar du je autobiographique possède un autre petit frère, Paul. De même ce lien unique fraternel présent dans la première œuvre (celle de 1950) réapparaît sous une forme fragmentée et antinomique : de l'amour à l'égard du « petit frère » et de la haine contre l'aîné Pierre, le préféré de la mère. Il n'est plus possible de croire à une autobiographie classique intégrée à cette culture de l'aveu [136] ou de la confession. La narratrice brouille conti-

---

[134] « Marguerite Duras a dû avoir, en Extrême-Orient, une enfance qui l'a marquée pour toujours. Depuis, à la manière de ces savants qui consacrent une vie toute entière à observer la vie des abeilles, elle se sera penchée, en expert naturaliste, sur sa propre enfance, avec ses refus, ses indignations, ses appétits, ses émois, ses imaginations et ses désirs », Jean-Louis BARRAULT. Article, L'ARC. P. 57. Duponchelle.

[135] « Et puis il y a les frères, l'aîné d'abord, le frère haï, « grand, beau, viril, un Valentino », le préféré de la mère… Et le petit frère, fou, fragile comme une femme, mince, aux yeux bridés, qui joue à tuer les panthères noires dans les rivières de la Chaîne des Eléphants… », Marguerite Duras, Vérité et Légendes, P. 22. Alain Vircondelet. Ed. Du Chêne.

[136] « L'aveu est devenu, en Occident, une des techniques les plus hautement valorisées pour produire le vrai. Nous sommes devenus, depuis lors, une société singulièrement avouante… », Michel Foucault, Histoire de la sexualité, Tome I. PP. 79.80. Gallimard. 1976.

nuellement les images du passé. La photographie de l'enfance se perd toujours dans les différents tiroirs des romans.

Pourtant, l'enfance surgit dans l'écriture. Et l'écriture naît de l'enfance. La narratrice semble dans l'impossibilité de faire abstraction de son enfance. Elle ne peut que la détourner ou la déguiser au besoin.

François Mauriac avait accordé à cette vie enfantine une importance considérable. Il avouait son attachement à certains endroits du passé : - "Aucun drame ne peut commencer à vivre dans mon esprit si je ne le situe dans les lieux où j'ai toujours vécu." Au cours d'un entretien intitulé *La couleur des mots,* Marguerite Duras révèle à Jérôme Beaujour, qu'Anne-Marie Stretter a habité "le poste blanc" où sa mère était institutrice. Elle affirme encore avoir vu Anne-Marie Stretter à travers les grilles du parc. Dans *Le Vice-Consul* ou *India song*. la narratrice n'a pas reproduit exactement l'espace de l'enfance : - "J'ai redistribué les lieux, les destinées, j'ai grandi l'écran, mais je n'ai rien changé." Calcutta ou S. Thala transforment des individus, aperçus dans l'enfance, en personnages d'un nouvel espace. Chaque œuvre se présente non pas comme clôturée ou autonome. Les romans de cette constellation indo-asiatique créent une sorte d'interdépendance. Voilà pourquoi les livres partent de l'enfance mais ne la restituent pas telle quelle. Celle-ci est fondue dans l'écriture. François Mauriac [137]déclarait aussi que l'enfance renferme déjà le désir d'écrire. L'enfant, apparemment semblable aux autres, "enregistre", "capte", "retient à son insu la vie de tous les jours dans sa complexité obscure." Marguerite Duras admet que ce fut une chance pour elle d'être née dans la misère coloniale. C'est pour cette raison, qu'elle s'est mise un jour à écrire. Dans *L'amant,* le lecteur apprend et assiste à la naissance de l'écriture future : "Je lui ai répondu que ce que je voulais avant toute chose, c'était écrire." (op. cit.p.31). L'oeuvre romanesque se voit donc intimement liée à l'enfance d'un auteur-narrateur.

Il existe, par exemple, des scènes qui peuvent avoir frappé l'esprit de l'enfant futur écrivain. On trouve dans *Le Vice-Consul,* une scène que contenait déjà le roman *Un barrage contre le Pacifique*[138]. Une dame blanche de la Plaine des Oiseaux accueille une mendiante et son enfant. Dans Un *barrage contre le Pacifique,* il est question d'une femme au pied malade et en charge d'un bébé que les vers ont déjà envahi : - "Une plaie terrible lui

---

[137] Un Romancier et ses personnages.

[138] Avec Un Barrage contre le Pacifique, c'est toute la machine créative qui est en marche, Duras sait qu'elle a mis en place un dispositif narratif qui va dorénavant la harceler. Marguerite Duras, Vérité et Légendes, P. 63. Alain Vircondelet. Ed. Du Chêne.

avait dévoré le pied à partir du talon…" (p.119) ; "L'enfant étouffait et rendait des vers qu'elle lui retirait de la gorge…" (p. 120). *Le Vice-Consul* présente la scène dans une perspective autre. L'horreur de la plaie apparaît davantage avec force détails : "La jeune fille presse son pied, la vermine sort, elle verse l'eau grise et panse le pied." (p.65). L'image des vers dans la bouche de l'enfant s'inscrit sous la forme d'une interrogation. Le lecteur reste dans l'ignorance : "La dame, de ses deux doigts, ouvre la bouche de l'enfant et voit quoi ? Des dents sans doute, que verrait-elle d'autres ? La dame étouffe un cri…" (p.61). Les lecteurs du *Barrage* constatent qu'il s'agit de la même scène mais présentée sous un autre angle. Le récit de 1950 rapportait cette scène à travers le point de vue omniscient de la narratrice, assumant une parole pleine. Le Vice-Consul choisit de l'introduire dans une narration secondaire (un récit encadré fictif), celle de Peter Morgan. Ce déplacement d'instance explique peut-être le changement de perspective. La scène de la vente et des vers est escamotée par la narratrice désireuse de mettre à distance cet événement marquant de l'enfance. En 1965, elle charge Peter Morgan de narrer cette histoire tragique dans sa totalité. Mais l'on remarque toujours cette distanciation et ce besoin de se trouver un relais ou un paravent.

Par la suite, le lecteur devient de plus en plus perplexe. Peter Morgan l'écrivain-personnage affirme qu'Anne-Marie Stretter a assisté à une vente d'enfant dont il fait un épisode de la vie de la mendiante. C'est donc l'ambassadrice qui a raconté cette scène à Peter Morgan. Or, nous savons que M. Duras-narratrice relate cette séquence dans *Un barrage contre le Pacifique.* Nous assistons à une sorte de communion entre le personnage Anne-Marie Stretter du *Vice-Consul* et la narratrice-Duras autobiographe du *Barrage contre le Pacifique :* - "La vente d'un enfant a été racontée à Peter Morgan par A.M. Stretter. Elle a assisté à cette vente il y a 17 ans, vers Savannakhet, Laos. Peter Morgan a fait du récit d'A.M. Stretter un épisode de la vie de la mendiante".[139] la narratrice et le personnage Anne-Marie Stretter semblent se confondre. On ne sait plus finalement si la scène de la vente a été vécue par Suzanne ou par Anne-Marie Stretter. De même, l'épisode a subi une double narration. Des personnages ou des narrateurs l'ont doublement rapporté. D'un point de vue purement narratif, dans l'économie de l'oeuvre, la narratrice – Duras a glissé une même scène dans deux romans. Du point de vue diégétique, à l'intérieur d'une même oeuvre, Peter Morgan raconte une deuxième fois ce qui lui a été narré une première fois par Anne-

[139] Le Vice Consul (p.72)

Marie Stretter. En conséquence, la scène primaire de la mendiante se perd entre l'instance narrative et les personnages.

En outre, il semble que la bonzesse demeure ce point d'interférence. Dans *L'amant,* le "je" narratorial fait part d'une de ses grandes peurs. C'est une grande femme maigre qui l'incarne. Sa description rappelle celle de la bonzesse : - "Je cours parce que j'ai peur de l'obscurité… Je vois… Une très grande femme, très maigre, maigre comme la mort et qui rit et qui court… C'est la folle du poste…" [140].

Au surplus, cet épisode préexistait dans *Le Vice-Consul* avec un point de divergence : Charles Rossett fuit cette mendiante parce qu'il la craint : « Charles Rossett jette la monnaie par terre, se retourne et fuit vers le chemin en courant… Ces pas ce sont les siens, ceux d'une bête… La peur règne et elle seulement… » [141]. La bonzesse semble donc émerger de la peur enfantine. Le personnage apparaît d'abord dans *Le Vice-Consul.* Le lecteur d'alors ignorait qu'il faisait l'objet d'un souvenir d'enfance. Le roman *L'amant* restitue le personnage à l'enfance. Une scène du passé peut donc trouver une issue dans un roman de fiction avant de s'installer dans une oeuvre quasi autobiographique. Les images d'enfance traversent longtemps les romans et se fortifient pour se démasquer enfin dans une oeuvre proche de l'écrivain.

Enfin, la narratrice du *Vice-Consul* laisse entendre que l'enfance conduit toutes les constructions romanesques. Elle apparaît encore sous les traits de son propre personnage, Charles Rosset : "Tandis que lui, lui, Charles Rossett – il s'arrête de marcher –, Ah, lui, à cette époque – là de la vie d'Anne-Marie Stretter, il est un enfant"[142]. Ici, la narratrice-Duras s'exprime dans les soupirs et les regrets de Rossett. Il est vrai que Duras était, elle aussi, une enfant lorsqu'elle aperçut cette femme, épouse de l'administrateur général. Cette apparition dans l'enfance contribua à la création du mythe Anne-Marie Stretter. C'est de cette façon que naissent les types féminins qui évolueront dans l'oeuvre Durassienne.

B) Le modèle féminin

Les textes *La vie matérielle* et *Les Cahiers du cinéma* nous apprennent le vrai nom d'Anne-Marie Stretter. Le personnage sorti du réel, s'appelait

---

[140] L'Amant, P.103.
[141] Le Vice-Consul, P.206.
[142] Op. Cit.P.166.

"Striedter". Le nouveau patronyme "Stretter" est le résultat d'une déformation de la sonorité. L'enfance aussi, fabrique des noms et même des personnages en dehors de l'écriture. L'imaginaire enfantin constitue une réserve de romans à venir. Le romancier ou le narrateur n'est autre qu'un adulte retourné à l'état d'enfance. Le pouvoir des mots appartient d'abord à l'enfant créateur.

a) La femme et l'enfant

"C'était une femme rousse, je me souviens, qui ne se fardait pas, qui était très pâle, très blanche, et qui avait deux petites filles."[143] Marguerite Duras puise donc dans ses souvenirs l'image d'une femme qui l'a marquée. Pour des besoins du film *India song*, Delphine Seyrig a été choisie pour le rôle d'Anne-Marie Stretter. La narratrice-metteur en scène a donc cherché parmi les actrices une femme rousse. Pour le moment, il pourrait s'agir d'une simple copie d'une reproduction par le biais du souvenir. La narratrice tenterait de peindre son personnage en se le remémorisant. L'écriture même du *Vice-Consul* ne déforme pas le visage primaire de cette femme-personnage Stretter – Striedter [144]: - "Elle est pâle, sous le hâle de Calcutta" ; Ou encore "Les femmes, pour la plupart, ont la peau blanche de recluses…" [145].

La narratrice n'a guère apporté de changement physique profond au personnage. Le corps de cette femme représente le seul support pour la mémoire narrative. Il constitue, en quelque sorte, la base de construction. La description physique reste fidèle au modèle. Mais nous découvrirons par la suite, une série et une structure imaginaire. Comment en effet suppléer au manque d'informations ? Que peut faire une narratrice quand elle ne possède du passé qu'une silhouette de femme pâle et maigre à qui elle n'a jamais adressé la parole ?

L'écriture et l'espace romanesque prennent alors le relais. Ils vont pénétrer des consciences et des lieux jusqu'alors inviolés. En effet, enfant, l'auteur ne voyait Anne-Marie S. qu'à travers les vitres d'une voiture ou derrière les grilles d'un parc : "Je la voyais passer le soir dans son automobile avec son chauffeur…". Comme pour combler un manque et reconstruire

[143] Entretien avec Jérôme Beaujour, La Couleur des mots.
[144] « Elle s'appelle Elisabeth X. Marguerite ne retient pas son nom exact. Elle le déforme. Elle dit « Stretter », « Anne-Marie Stretter ». Simplement une femme belle comme un astre, juste entrevue, dont elle ne sait pratiquement rien, mais qui va éclairer de son mystère éblouissant l'espace mortel où elle faillit se perdre. Le ciel vient de lui mettre une plume entre les doigts ». Le Poids d'une plume, P. 27, Frédérique Lebelley. Grasset.
[145] Le Vice-Consul, PP.106,107.

le passé, par la création romanesque la narratrice se glisse dans les recoins les plus secrets d'Anne-Marie Stetter : "Dans un boudoir élégant de l'ambassade. C'est là qu'elle reçoit les nouveaux venus…". Les yeux scrutateurs vont jusque dans la chambre du personnage. Plus nous évoluons dans le roman et plus nous nous insinuons, grâce à l'invention d'une focalisation proche de la double vue, d'une narration médiumnique, dans les endroits réservés à l'intimité de cette femme : "C'est sa chambre sans doute. Il y a peu de meubles. Sur le piano il y a des piles de partitions en désordre. Le lit de cuivre est recouvert d'un drap blanc…" [146].

Toutefois, les diverses descriptions montrent à quel point la narratrice est démunie d'informations. Elles ne sont guère exhaustives. Quelques repères donnent une idée de l'espace. Il n'est pas question d'une description détaillée des moindres objets d'un lieu. La narratrice ne peut que rejeter toute perspective naturaliste, et même celle du Nouveau Roman. Un élément du décor ne se trouve pas grossi ou amplifié comme le sont les choses dans l'univers de Robbe-Grillet ou de Michel Butor. L'espace du Vice-Consul ne souffre pas d'encombrement ou de boursouflure. Il arrive alors que la narratrice se fasse peintre ou photographe. Ses mots livrent une image immobile du personnage comme si celui-ci attendait une photo : "Il y a un divan recouvert d'une cretonne rose sur lequel elle est assise. Son regard étonne. La fixité de sa pose sur le divan aussi… Sa robe est blanche…"[147]. La narratrice ne motive aucunement sa description. Elle ne cherche pas à dissimuler au lecteur sa méthode descriptive. Ce procédé crée l'impression d'un commentaire pictural. Le lecteur croirait lire le texte accompagnateur d'une peinture. Aussi, Anne-Marie Stretter se montre-t-elle souvent dans une constante immobilité du corps. Debout ou assise, le personnage ne remue aucun membre : - "Elle reste debout au milieu de la chambre…" [148] ; ou "Reste ainsi sous le ventilateur. Immobile…" [149]; "Sur un divan, une forme jeune est assise devant un fleuve…" [150]. Les tournures verbales "est assise" et "reste" renforcent cette impression d'un personnage figé. Anne-Marie Stretter se contente d'être. C'est dans cette position que la narratrice aime à la représenter. Elle ne sacrifie en rien à la motivation ou à la vraisemblance. Aucune phrase n'introduit la description. Le portrait ne se prépare pas par une mise en scène propre au roman réaliste. Il s'agit davantage d'un instan-

---

[146] Le Vice-Consul, P.188.
[147] Op. Cit.P.106.
[148] *Le Vice Consul,* p. 195
[149] *India song*, p.142
[150] *Le Vice Consul,* p.166

tané. La narratrice se laisse comme envahir par le souvenir d'une femme dans telle pause. Fatidiquement, Anne-Marie Stretter fait une brève apparition et brise la continuité du récit. La narratrice serait alors comme sous l'emprise d'une véritable fascination. Elle cesse alors toute activité relative à la logique du récit et laisse Anne-Marie Stretter pénétrer dans le texte et s'immobiliser à sa guise. Pour citer un exemple, la narratrice quitte la réception de l'ambassade, et revient quinze jours en arrière. Une scène en rappelle une autre : - "C'est la première fois. On dit : c'est la première fois, va-t-il lui plaire ?". Puis la voix narrative fait une brèche dans le temps et se livre à une large analepse : "Charles Rossett et Anne-Marie Stretter se sont vus une fois...". Anne-Marie Stretter entre sur scène dans la fixité d'une photographie : "Elle ne bouge pas du divan où elle est assise, droite..."[151]. Le roman cesse alors d'être une remémoration du passé. La narratrice "fantasme" si l'on peut dire, sur une femme aperçue, un jour, assise dans une voiture. A partir d'une seule vision, l'instance enfantine devenue instance narrative en distribue d'autres, dans les récits, voisines de la première. Quel que soit l'endroit qu'habitera Anne-Marie Stretter dans les divers romans, la voix narrative, habitée par ce seul souvenir d'enfance, montrera le personnage dans cette éternelle fixité. Quant aux maigres annotations spatiales, elles ne peuvent refléter une quelconque réminiscence. La narratrice-enfant n'a pas été en mesure de visiter les salles de l'ambassade. Marguerite Duras explique à Jérôme Beaujour que les membres de sa famille étaient considérés comme les indigènes. Aussi vivaient-ils exclus de toute activité blanche de la colonie. Les bals et les réceptions ne les concernaient pas.

Face à ce vide, l'écriture du *Vice-Consul* propose quelques points de repère. Il ne s'agit plus de rendre le plus fidèlement possible, les lieux de l'ambassade, mais de créer un espace temporaire et passager, le temps d'un roman. La narratrice propose, pour ce faire, deux salles octogonales destinées à la réception. Elle pose aussi des objets fonctionnels : un buffet vide ou rempli de victuailles selon les temps du récit ; des fougères fragiles ; des colonnes et des verres de champagne. Les lieux de l'ambassade de France à Calcutta apparaissent dans ce dépouillement. Ce sont les voix anonymes qui auront pour tâche de remplir la partie vide de l'espace : - "La salle de bal est octogonale, en marbre vert Empire, à chacun des angles de l'octogone, fougères fragiles venues de France"[152]. Elle place enfin un ventilateur dans l'espace intime d'Anne-Marie Stretter. Cet objet dénote d'une part l'enfer de Calcutta, de par la chaleur de la ville, mais connote aussi la souffrance du

[151] Extraits du Vice-Consul, P.106.
[152] Le Vice-Consul, P.93.

personnage. Le ventilateur reste attaché au corps de la femme. Le malaise dû à l'été de la mousson gagne l'esprit d'Anne-Marie Stretter. Il fait désormais partie de sa souffrance. Le signifié du signe "ventilateur" se déplace du corps vers l'esprit. Il exprime le mal-être, l'angoisse croissante de l'ambassadrice : - "Lentement, elle va se placer sous le ventilateur de cauchemar… Prend ses cheveux, les écarte de son corps, dans un geste d'accablement…"[153]. La chose ainsi créée sera aussi porteuse d'érotisme. Le ventilateur attend toujours le corps d'Anne-Marie Stretter. Il la dévêt au même titre qu'un amant : - "Elle se retourne et expose son corps au ventilateur. Son corps dénudé peut être vu par tous"[154]. Enfin, l'objet-fétiche marque la fin du roman et signifie la mort de l'héroïne[155]. Le ventilateur s'arrête comme un cœur qui cesserait de battre ou comme la manivelle d'un projecteur qu'une main ne tournerait plus : "Le ventilateur s'arrête. On reste quelques secondes sur l'arrêt du ventilateur"[156].

La voix narrative du *Vice-Consul* tente de combler le vide de la mémoire, au moyen d'éléments spatiaux-repères. Les descriptions constituent une sorte de balisage de l'espace. Les différentes bornes que s'offre la narratrice l'aident à se déplacer dans l'univers complexe d'Anne-Marie Stretter. Le pouvoir créateur de l'écriture combat l'impuissance de la mémoire ou tout simplement l'absence d'éléments biographiques. La narratrice lance un défi au passé imparfait et à l'enfance castratrice. Elle construit elle-même un type féminin qui s'appelle désormais Anne-Marie Stretter.

b) L'adultère : un comportement féminin type

La femme, pour la narratrice, incarne l'adultère. Une femme ne peut se montrer fidèle. Lol V. Stein vit dix ans dans la fidélité et l'obéissance. Son retour à S. Thala signifie la fin de cette servitude. Lol V. Stein prend elle-aussi, un amant et devient une émule d'Anne-Marie Stretter. Bouleversant l'alchimie amoureuse connue, la narratrice insiste sur le statut « polyvalent » de la femme amante qui n'appartient qu'à un amant, mais peut se donner à plusieurs hommes. Il n'est donc aucune contradiction entre l'amour unique et les relations charnelles multiples. Anne-Marie Stretter

---

[153] *India song*, p.31
[154] Le Vice-Consul, P.142.
[155] « Anne-Marie Stretter est une reine défaite aussitôt qu'advenue, immense mort-née… Le personnage incarne deux faces contraires et indivisibles de la carrière érotique : sa magnificence et sa tendance inhérente à l'autodestruction », Le discours féminin de Marguerite Duras, par Stéphanie Anderson, P. 85. Droz, 1995.
[156] *India song,* p. 145

aime, d'un amour unique et irremplaçable, Michael Richardson : "Quelque chose les lie ; se dit Charles Rossett, de stable, de définitif…" [157]. L'héroïne, elle-même, avoue l'impossibilité de répéter avec un autre, un pareil amour : "J'aime Michaël Richardson, je ne suis pas libre de cet amour." (India song, p.96). Marguerite Duras explique par ailleurs cet aspect assez particulier de l'amour selon lequel une femme n'a ni ami ni mari mais un amant unique, fait pour elle et pour qui elle est faite : "Quand un homme étranger nous touche, nous crions dégoût. Nous possédons notre amant comme lui nous possède"[158]. En revanche, une femme peut posséder des amants sans vraiment les aimer. Cette multiplicité existe dans le devenir même d'une femme. Elle ne peut échapper à cette destinée. Paradoxalement, la narratrice exprime la souffrance de la femme condamnée à accepter d'autres hommes en plus de l'amant. L'héroïne de *Hiroshima mon amour* pleure de ne pas pouvoir résister à la tentation d'une autre aventure amoureuse qui l'éloignera de son premier amant. Anne-Marie Stretter souffre parce que son amour pour Michaël Richardson n'est plus dans son devenir : "Elle est maigre sous le peignoir noir, elle serre les paupières, sa beauté a disparu. Dans quel insupportable bien-être se trouve-t-elle ?"[159]

La femme refuse encore, selon la narratrice, toute vocation maternelle. Anne-Marie Stretter n'apparaît jamais dans une attitude tendre à l'égard de ses filles. Il est simplement mentionné que ses deux filles l'accompagnent parfois dans ses promenades. Ses enfants font ainsi partie d'un certain mode de vie. Elles constituent un des éléments de la vitrine sociale pour la société blanche de Calcutta. Mais les liens qui pourraient unir une mère et ses filles, sont quasi inexistants. De la même manière l'attitude de l'ambassadeur peut surprendre : certes, "Sa femme est ses filles vont prendre l'air à Chandernagor ou sur les routes qui mènent vers l'océan"[160]. Mais il reste indifférent aux mauvaises rumeurs d'adultère. Nous ignorons tout, quant à la nature de leurs rapports. La narratrice passe sous silence ces manifestations affectives sur lesquelles d'autres romanciers s'attardent pourtant. Nicole Avril, entre autres écrivains, fait des rapports mère-filles un thème fondamental de son œuvre[161]. De même Marie Cardinal s'intéresse volontiers à ces relations complexes[162]. L'on peut encore se référer à la douce affection mêlée de rudesse qui caractérise les relations entre Sido et Colette. Dans l'univers du

---

[157] Le *Vice Consul,* p. 152
[158] La Vie Matérielle, P.11.
[159] *Le Vice Consul,* p. 196.
[160] *Le Vice Consul,* p.95
[161] Dans le roman La Disgrâce.
[162] Des Mots pour le dire.

Vice-Consul et du *Ravissement*, le lien maternel est dénaturé, invisible ou dégradé. La fonction maternelle est réduite à une simple donnée. Marguerite Duras informe le lecteur qu'Anne-Marie Stretter a deux filles, et s'en tient là. Le personnage possède, dirait-on, deux enfants au même titre qu'un mari ou qu'une résidence à Calcutta. Ce sont des éléments sans grande importance et qui n'influent en rien sur le comportement d'Anne-Marie Stretter.

Enfin, la femme type pour la narratrice, se dispense de coquetterie. Anne-Marie Stretter ne s'attarde pas devant un miroir. Elle s'oppose ainsi à toutes celles que décrira la narratrice en 1984 dans *L'amant :* "Elles se regardent… Pour plus tard… Elles ont déjà les longues penderies de robes à ne savoir qu'en faire, collectionnées comme le temps…"[163]. Anne-Marie Stretter, au contraire, s'accommode d'une beauté sur son déclin. Elle ne cherche aucunement à freiner les effets du temps. Elle revêt son corps d'une parure prémortuaire, comme vivant dans l'attente de sa mort prochaine : "Elle avait vêtu cette maigreur, …d'une robe noire à double fourreau de tulle également noir, très décolletée…"[164]. Ce personnage féminin pénètre tout espace sous les traits d'une donneuse de mort. La femme, dans l'œuvre Durassienne, n'engendre plus la vie mais la mort. Elle apporte à Lol V. Stein la destruction, une mort psychique, un évanouissement de sa propre féminité. Les voix d'*India song* s'en souviennent et décrivent cet événement comme s'il s'agissait d'un meurtre :

- "Voix I

Ils ne l'ont pas entendue crier ?

I…1 L'ont abandonnée ? Tuée ?

I…! Ce crime derrière eux…"[165].

Nous devons encore nous tourner vers l'enfance pour y découvrir l'origine de ce trait particulier. Enfant, Marguerite Duras apprit peu après l'arrivée d'Anne-Marie Stretter, qu'un jeune homme s'était suicidé pour elle [166]. La femme cessa alors sa fonction de simple génitrice. Une femme pos-

---

[163] L'Amant, P.27.

[164] *Le Ravissement de Lol V. Stein,* p. l5

[165] India Song, p.37

[166] « Le choc profond, pour Marguerite Duras, c'est d'avoir appris la mort du jeune homme. De savoir que cette femme presque invisible à force de discrétion, sans exubérance, sans amis, sûrement silencieuse, a pu rendre fou d'amour un amant qui s'est donné la mort parce qu'elle l'avait quitté. Elle reçoit la révélation d'un univers féminin insoupçonné. », Le Poids d'une plume, Frédérique Lebelley, P. 32. Grasset.

sédait, désormais, ce double pouvoir de vie et de mort [167]: Anne-Marie Stretter est “l’invivable de la vie… L’ange, la messagère de l’invivable…” déclare Marguerite Duras dans *La couleur des mots.* Le type même de la femme donneuse de mort naît donc d’une scène primitive : la mort d’un jeune homme provoquée par un surplus d’amour.

L’écriture traduit alors les fonctions de cette femme défaite qui défait tour à tour des hommes ou des femmes trop aimants. La syntaxe de la narratrice du *Vice-Consul* ou du *Ravissement de Lol V. Stein* se veut délibérément brisée, rompue et négligée à l’image de cette femme que la vie n’attire plus. Comme le propose Julia Kristéva, il conviendrait de parler d’une “esthétique de la maladresse” : “Il ne s’agit pas d’un discours parlé mais d’une parole surfaite à force d’être défaite…”[168]. La narratrice met en quelque sorte ses phrases en négligé ; elle les habille, elle aussi, d’un simple peignoir noir mal fermé. Elles démaquille ses mots qui s’offrent à présent nus dans leur atroce vérité. La rhétorique de Marguerite Duras se dépouille volontairement. L’écriture ne dément pas le personnage féminin. Elle suit la femme jusqu’à sa complète désagrégation :

- La phrase commence d’un seul élan puis se brise en s’encombrant d’une subordonnée qui stoppe sa fluidité : “Elle est devenue subitement celle que, laide, cette femme-là aurait été”[169].
  L’adjectif “laide” est le point de rupture de la phrase. Le mot permet au syntagme de pivoter et de sombrer. Le qualificatif inattendu occupe une position centrale, est mis en incise. Mais il crée un déséquilibre et provoque une chute du sémantique dans la dysphorie. L’introduction du pronom relatif « que » suivi immédiatement d’une virgule, brise ainsi la linéarité de la phrase et sa fluidité. L’ajout du pronom adverbial « là » placé après le mot « femme » renferme une notion péjorative et accentue le rythme haché de la proposition. Nous avons bien à faire à une écriture de la déchirure, de la déliquescence[170].

---

[167] « Et c’est bien aussi ce qui arrive à Lol, dans Le Ravissement de Lol V. stein : mais le meurtre a été remplacé par le ravissement », article de Madeleine Borgomano, L’arc, P. 43. Duponchelle.

[168] Soleil Noir, Dépression et mélancolie, Gallimard.

[169] Le Vice-Consul, P.197.

[170] « Le style est dépouillé à l’extrême. A ce stade de l’œuvre, l’absence d’adjectifs est presque totale. Chaque mot prend alors valeur d’essentiel et rend sensible au lecteur des impressions à la limite de l’incommunicable », Aliette Armel, Marguerite Duras et l’autobiographie, P. 82. Le Castor Astral.

- Parfois, la phrase s'élance et oublie de s'arrêter mimant la gestuelle dépressive d'une femme qui errerait dans les rues d'une ville : - "Elle ouvre les yeux et regarde Michaël Richard, l'appelle Ah, Michaël…"[171]. Le groupe patronymique "Michaël Richard" occupe une position trouble, comme écarté du verbe « regarder » qui peut être pris dans une acception intransitive. « Michaël Richard » peut tout aussi bien alors devenir le sujet du verbe « appelle ». Fondée sur cette incertitude, la phrase unit deux personnages par leur fonction double. Le verbe n'indique pas tout de suite l'objet du regard. La phrase se met en suspension ; elle attend que le personnage se décide à regarder. Les actes d'Anne-Marie Stretter se succèdent dans une même phrase, sans brusquerie, dans une seule et même foulée. L'écriture s'adapte aux mouvements du personnage.

- Enfin, il arrive assez souvent qu'une phrase mime l'ennui de la femme. Elle décrit alors les gestes du personnage avec minutie. Elle décompose inutilement les moindres étapes d'un seul geste comme dans cette scène de réception : "Anne-Marie Stretter est près du buffet… Elle tend une coupe de champagne. Elle l'a tendue, elle regarde autour d'elle"[172]. L'action est montrée à la fois dans l'imperfectif (elle tend…) et le perfectif (elle l'a tendue). Ces précisions se surajoutent comme pour signifier que l'écriture ne sait plus quoi dire tellement la lassitude est grande.

De même, les invitations proférées par Anne-Marie Stretter sont rapportées dans la maladresse par le biais du discours indirect brut presque scolaire : "Elle se dirige vers des Anglais et dit qu'on avance vers le buffet si l'on veut des rafraîchissements"[173]. L'usage du pronom indéfini "on" alourdit et rend la phrase inélégante. L'écriture semble se saboter elle-même. Elle est mise en abyme. Elle ne fait plus attention à elle, dirait-on d'une femme négligée. L'écriture dégagerait une sorte de rhétorique de la douleur. La femme défaite oblige les mots à se négliger, à se dépouiller comme elle de tout ce qui pourrait les enrichir. La mise en écriture de la souffrance féminine s'accompagnerait d'une rupture syntaxique.

Mais pourquoi la narratrice malmène-t-elle un personnage qu'elle dit aimer ? Marguerite Duras avoue à Michèle Porte être prisonnière d'un amour qui ne veut pas mourir : "Mes films et mes livres sont des histoires d'amour

---

[171] Op. Cit.P.189.
[172] Op. Cit.P.92.
[173] Le Vice-Consul, P.93.

avec elle depuis quelques années… Je ne m'en sors pas, c'est une véritable histoire d'amour…"[174]. Et pourtant, l'écriture tend vers la destruction de ce personnage si envoûtant. La narratrice ne ménage pas Anne-Marie Stretter. La beauté de l'ambassadrice est, à tout moment, remise en question. On assiste à une sorte de mise à mort du personnage : "- Elle est maigre sous le peignoir noir, elle serre les paupières, sa beauté a disparu…" ; - "Le visage lui-même est modifié, différent, il est ramassé sur lui-même, vieilli"[175]. Les divers portraits faits d'elle ne l'avantagent pas. La narratrice semble vouloir attirer sur ce personnage l'antipathie du lecteur. De fait, Marguerite Duras ne donne pas à la littérature une fonction cathartique. Elle s'éloigne ainsi de l'idée selon laquelle l'acte d'écrire vise d'abord une purification du lecteur. La narratrice cherche plutôt à se libérer, à se purifier elle-même. Elle désire échapper à un personnage par trop envahissant. Ecrire, pour elle, aboutit à une mithridatisation. Son but n'est pas altruiste. Il ne s'agit en aucune façon d'atteindre le lecteur. La narratrice tente par une rhétorique de la maladresse et de l'ennui de se détacher du personnage. Le lecteur ne semble pas convié à ces retrouvailles entre une narratrice et son personnage fantasmatique et obsessionnel. Egoïstement Marguerite Duras s'offre, par l'écriture, une thérapie où se réaliseraient, comme dans la relation psychanalytique, un transfert et un contre-transfert. Les deux sentiments antinomiques d'amour et de haine relient la romancière et son personnage.

Anne-Marie Stretter devient alors le porte-parole de Marguerite Duras. Elle « porte » la douleur de Duras-enfant. La narratrice adulte projette sa souffrance passée d'adolescente sur le personnage-emblème. De même que le personnage prend toute entière la douleur de Calcutta et les crimes du Vice-Consul, de même il absorbe les maux de l'enfant-Duras.

L'écriture défaite ou surfaite du *Vice-Consul* ou du *Ravissement* procède à une évacuation du malaise de l'enfance. Dans l'oeuvre théâtrale *India son*g les voix se chargent de la douleur. La bande sonore du film fait entendre des voix dont l'intonation témoigne d'une souffrance rentrée. C'est une façon pour la narratrice de détruire son personnage pour mieux s'en délivrer. Toutefois comme il ne lui a jamais été permis d'approcher Anne-Marie Stretter durant son enfance, l'écriture lui propose une déviation du passé. Grâce aux mots et à une certaine rhétorique, la narratrice peut à présent atteindre une femme qui était inaccessible. Cette rencontre se paie cependant de la mort du personnage : "Je la fais se tuer pour m'en débarrasser… La mort est inventée" confie Marguerite Duras dans *La couleur des mots.* Dans

---

[174] *Les lieux de M. Duras, Michèle PORTE.* p.69
[175] Le Vice-Consul, PP.195,197.

l'ombre de cette femme adorée, objet d'une véritable passion, se trouve la mère, véritable contreportrait d'Anne-Marie Stretter. Car L'amour qu'éprouve Duras pour cette femme d'ambassadeur ne peut se concevoir sans un sentiment contraire et souvent violent à l'égard de la mère.

C) Contre la mère

La mère dans les deux romans de cette « configuration indienne » ne joue jamais un rôle important. Elle apparaît peu et se trouve très vite évacuée de l'œuvre. La narratrice, en outre, ne donne pas à tous ses personnages une mère. Anne-Marie Stretter et Tatiana Karl font preuve d'indépendance. Il n'est jamais fait allusion à leur Mère. Ce sont curieusement les personnages fragiles éponymes que la narration dote d'une mère. Lol V. Stein et le Vice-Consul de France possèdent leur mère dans les deux romans. Il semble que les femmes à fort caractère, celles qui ne sont jamais les victimes d'un autre personnage, entrent dans le roman libres de toute attache maternelle. Les autres personnages, les fous ou les faibles d'esprit, surgissent avec leur mère vivante ou associée à leur passé.

a) La violence de la mère

Dans *Le Ravissement de Lol V. Stein,* ou dans *Le Vice-Consul,* le personnage maternel manifeste de l'hystérie. La mère se fait d'abord connaître par ses cris ou ses réprimandes. Sa douceur habituelle s'est évanouie ; le mythe de la tendresse maternelle se trouve une fois de plus effacé dans l'oeuvre Durassienne. Une mère ne peut qu'être une entrave à la liberté et à l'équilibre des personnages. *Le Ravissement* lui attribue le rôle de geôlier. La mère ramène toujours l'enfant chez elle. Elle impose une distance entre son enfant et les autres : - "En les injuriant, elle leur avait demandé ce qu'ils avaient fait de son enfant..."... "La mère prévenue... arriva une deuxième fois chercher son enfant... Ce fut la dernière..." [176]. Après ces deux intrusions, la mère disparaît dans la suite du roman. La narratrice signifie la mort de ce personnage secondaire en termes assez cruels. Le décès maternel n'est pas présenté dramatiquement comme le fait Simone de Beauvoir, par exemple - "La" petite maman chérie" de mes dix ans ne se distingue plus de la

[176] Le Ravissement de Lol V. Stein, de la page 21 à 30.

femme hostile… Je les ai pleurées toutes les deux…" [177]. Pour Lol V. Stein, "La mort de sa mère… La laissa sans une larme." [178]

La mère du Vice-Consul s'offre à nos yeux dans une attitude agressive, qui détruit encore le mythe de l'instinct maternel : - "Ma mère part, directeur. Près du piano en robe bleue elle dit : je vais refaire ma vie, car avec toi que deviendrais-je ?". Dans ce roman, la narratrice soumet davantage la mère au jugement sévère du lecteur, en reproduisant fidèlement ses paroles amères. Aussi, la mort du personnage est-elle mentionnée et chassée brutalement et sèchement. Il n'en est fait aucun commentaire. L'annonce du décès vient à la suite d'autres actions : "Elle reste à Brest. Elle meurt". La narration ternit davantage l'image maternelle par l'idée à peine exprimée de l'adultère. La conduite détestable de la mère se devine derrière les phrases qu'émettent des voix anonymes : - "De sa fenêtre il voyait les rôdeurs du bois, des hommes doux et honteux pour la plupart, il a parlé de son père qui revenait chaque soir pour se taire auprès de sa mère". Le mot "bois" établit une sorte de réminiscence narrative. L'hôtel des bois dans Le *Ravissement de Lol V Stein* survient dans nos esprits. Tatiana aussi, épouse adultère de Pierre Beugner, y retrouvait Jacques Hold. Les adjectifs "doux" et "honteux" laissent entendre qu'il s'agissait de plaisirs interdits et réprouvés. De plus, le père se détache de la mère sous les traits d'une victime et d'un lâche. La cellule familiale n'est pas à l'honneur dans ce roman. La mère apparaît donc comme la principale fautive. Elle porte la lourde responsabilité des crimes du Vice-Consul par exemple. Une voix anonyme explique la conduite de Jean-Marc de H. en se référant à la mère : "Moi, je pense surtout à la mère… Je la vois jouer au piano des sérénades… Qu'il écoute trop, on dirait…"[179]. La relation incestueuse est suggérée et semble expliquer a posteriori l'attitude étrange de l'homme de Lahore, tirant la nuit sur les lépreux dans les jardins de Shalimar.

L'histoire encadrée que Peter Morgan prend en charge dépeint un nouveau type de personnage maternel, plus radicalement violent. Le lecteur s'étonne en effet devant tant de cruauté. La mère asiatique n'éprouve aucune pitié pour sa fille enceinte : elle la chasse à tout jamais du foyer. La longue marche de la mendiante dans ce livre naît de la méchanceté maternelle. L'image de la mater dolorosa est bouleversée. La mère ne souffre pas mais

[177] Une Mort douce (1964).
[178] Op. Cit.P.32.
[179] Le Vice-Consul, P.97.

torture son enfant[180]. Afin de souligner cette méchanceté, la narratrice choisit les mots les plus durs dans les discours directs rapportés de la mère : “Si tu reviens…, je mettrai du poison dans ton riz pour te tuer…” [181]. C’est ici que la fiction rejoint l’autobiographie. On pense alors à une scène très révélatrice de *L’amant.* La narratrice-enfant a vécu pareille cruauté et il est possible qu’elle s’en soit inspirée :

- “Dans des crises ma mère se jette sur moi, elle me bat à coups de poing, elle me gifle… Elle hurle… Que sa fille est une prostituée, qu’elle va la jeter dehors, qu’elle désire la voir crever… Une chienne vaut davantage…”[182].

Les deux romans partagent le même espace : l’Asie du Sud-Est est devenue le lieu de la dureté maternelle. Même si *Le Vice-Consul* choisit Calcutta pour espace principal, la narratrice aménage en son sein un micro-espace afin de dépeindre au mieux la sévérité et cet amour “en moins” de la mère. Mais le roman quasi autobiographique, *Un barrage contre le Pacifique, avait le premier* crée le type maternel pour l’ensemble des romans à venir. Déjà, Suzanne se heurte à une mère hystérique, celle qui engendre la mère du Vice-Consul et de Lol V. Stein : “Elle ne criait pas pour mieux faire entendre des choses… Elle gueulait à la cantonade n’importe quoi…”[183]. La mère de la bonzesse présente cette même caractéristique. La mère se distingue essentiellement par deux comportements : crier et donner à manger. L’amour en est exclu : “Quand il s’agissait de les gaver, elle était douce avec eux” [184]*;* “Elle bat les enfants… Elle crie. Elle appelle pour distribuer le riz chaud…” [185]. Ses attitudes et ses rapports avec l’enfant sont plutôt de l’ordre de la nature. La tendresse s’apprend et procède de la culture. Aussi dans l’univers de cette « durasie » (mot de Claude Roy), la mère entretient-elle avec la terre des liens très étroits. La narratrice use d’une métaphore “terrestre” dans l’évocation des mères pauvres de l’Asie du Sud-Est : “Le ventre de chaque femme se gonflait d’un enfant, le rejetait, pour ensuite reprendre souffle d’un autre”[186]. Pareille à un fruit, le corps d’une femme vit au rythme de la nature. De même les rapports sexuels suivent les saisons et

---

[180] « L’arrachement à la mère… Un traumatisme, celui de la séparation brutale d’avec la mère, qui l’a chassée et même menacée de mort », Duras, une lecture des fantasmes. Madeleine Borgomano, P. 211. Cistre-Essai.
[181] Op. Cit.P.10.
[182] L’Amant, P.73.
[183] Un Barrage contre Le Pacifique, P.22.
[184] Op. Cit.P.37.
[185] Le Vice-Consul, P.65.
[186] L’Amant, P.117.

s'accommodent des périodes de travail et d'inactivité. L'homme et la femme vivent en complète harmonie avec la nature qui règle les ébats et les grossesses : "A la saison sèche, les hommes pensaient davantage à l'amour et les femmes étaient prises...". Ce type de rapport s'oppose radicalement aux liens qu'entretiennent Anne-Marie Stretter et ses amants. Le désir chasse le besoin quasi physique. La femme décide et intervient dans l'amour. Les femmes d'Asie que décrivent *Le Vice-Consul* ou *L'amant* se soumettent non seulement aux manques des hommes mais encore à la nature exigeante. Les enfants subissent alors la rigueur de ces femmes que la nature n'épargne pas.

b) Entre amour et haine

L'histoire de la jeune mendiante offre une bifurcation intéressante dans ce mode de relation. La mère et la fille cessent leur rivalité et leur affrontement lorsque l'enfant devient la sœur de la mère. La mère et la fille se rejoignent dans une seule et identique destinée. La bonzesse du *Vice-Consul* renonce à son tour à prodiguer de la tendresse à ses enfants. Elle les abandonne ou les jette tous dans le Mékong. La jeune fille de 17 ans, chassée par la mère, se transforme en une femme mûrie et amère, machine à procréer sans aimer : "Les autres enfants qui viendront après cette petite fille, elle les laissera toujours vers la même heure où qu'elle soit..."[187]. Avant de devenir une bonzesse asexuée et sale, chassant comme un buffle dans les eaux du Gange, la jeune fille de seize ans mène sa grossesse jusqu'à son terme et cherche à sauver son enfant de la famine et de la mort. Mais son échec la conduit à rejoindre finalement la même cruauté maternelle. Oubliant ses premiers gestes d'amour, elle laissera ses autres enfants au bord des fleuves ou dans des forêts. L'histoire de Peter Morgan peut se lire comme l'avènement à la féminité, puis à la maternité avant la perte définitive de ce féminin bipolaire, vers le continent noir de la folie et de l'oubli. Quant à Anne-Marie Stretter-mère, elle ne remplit pas son rôle de mère telle qu'on se l'imagine. Ses filles l'accompagnent dans ses déplacements mais aucun rapport affectif n'est mentionné. L'aînée, à la manière de la bonzesse, deviendra la sœur jumelle de la mère. Toutefois l'enfant aspire malgré lui à l'image maternelle. La fille voit en sa mère un modèle, quoi qu'elle fasse. *Le Ravissement de Lol V. Stein* place déjà Anne-Marie Stretter et sa fille sur un même plan. L'une et l'autre partagent un mystère et une séduction identiques : - "Leur marche de prairie à toutes les deux les menaient de pair où

---

[187] Le Vice-Consul, P.51.

qu'elles aillent."[188]. Mais au moment de l'entrée en scène d'Anne-Marie dans l'orbe de Lol V. Stein, la fille disparaît symboliquement. La mère cesse de fait son rôle maternel pour endosser celui d'une séductrice fatale et scandaleuse.

Marguerite Duras semble diriger constamment son écriture contre la mère. Le mythe de l'instinct maternel ou encore de l'amour d'une mère plus fort que tout est mis à mal. Quand on lit certaines pages du *Vice-Consul,* il nous est difficile d'y croire encore. L'absence de tendresse maternelle pourrait s'expliquer par l'espace sud-asiatique dont il est question. Les terres boueuses, peu fécondes, malsaines, enfouient dans le cœur féminin toute parole tendre. L'espace sordide et déprimant de Calcutta agit, il est vrai, sur le personnage d'Anne-Marie Stretter. Le langage amoureux ou maternel ne peut avoir cours dans des lieux qu'habitent des affamés et des lépreux. Comment parler une autre langue sinon celle de la douleur ? Face à la sévérité et à la dureté maternelles, l'enfant ne hait cependant pas totalement sa mère. On peut s'en étonner. La bonzesse ne se comporte pas comme le jeune garçon de *Vipère au poing.* La haine n'existe pas. Ce sont des cris d'amour que l'enfant chassée lance à la mère cruelle. Et il nous semble entendre les paroles de la narratrice elle-même dans *L'amant :* "Je dis que je ne pourrais pas encore quitter ma mère sans en mourir de peine…". Il arrive que cette même narratrice appose dans une phrase des mots de haine et des mots de tendresse : "…La saleté, ma mère, mon amour…"[189]. Le personnage autobiographique ne, peut s'empêcher de détester et d'aimer à la fois une mère si peu tendre et aimante. De même, la bonzesse ne cultive pas en elle une aversion quelconque pour la mère : "Elle se prosterne encore… Quelle main la lui aurait donnée sinon celle de sa mère ?" ; "Je te rendrai cet enfant, et toi, tu le prendras, je le jetterai vers toi…" [190]. Tout compte fait, la narratrice dénonce l'absence d'une véritable tendresse maternelle mais découvre l'impossibilité de haïr une mère. Mais elle montrera, par ailleurs, que cet amour existe chez l'amant. Curieusement c'est l'homme aimé, une « plus-que-mère » et un « plus-que-père », qui prodigue l'amour maternel et qui comble le vide laissé par la mère.

L'œuvre *L'amant* semble alors restituer à l'homme cette partie féminine qui lui a été enlevée par Dieu durant son sommeil ("L'Eternel Dieu forma une femme de la côte qu'il avait prise de l'homme, il l'amena vers

---

[188] Le Ravissement de Lol V Stein, P.16.
[189] Le Vice-Consul, PP.52,31.
[190] Op. Cit. PP.27,25.

l'homme"[191]). L'amant de l'héroïne se révèle, par moments, très maternel. Il semble se comporter comme la mère de celle qu'il aime. L'amant devient la mère de la jeune fille. La jeune fille devient l'enfant de l'amant. L'homme découvre en lui des réserves de tendresse qu'il ne soupçonnait pas : - "C'était avec son enfant qu'il faisait l'amour chaque soir… Il la prend comme il prendrait son enfant. Il prendrait son enfant de même…"[192]. Il ne s'agit pas d'une concrétisation d'un inceste mais d'une fonction maternelle révélée. L'amour physique prend figure de gestation et même de parturition. L'amant aime la jeune fille dans les pleurs et la souffrance : "Il gémit. Il pleure. Il est dans un amour abominable. En pleurant, il le fait…". L'amant-mère se découvre aussi dans le plaisir qu'il prend à baigner la jeune fille. L'eau redonne à la jeune fille sa pureté d'enfant d'avant l'acte sexuel. L'amant possède un double pouvoir : celui de prendre une jeune fille pour femme et celui de la ramener vers l'état d'enfance : - "Il me douche, il me lave, il me rince, il adore, il me farde et il m'habille, il m'adore…"[193].

L'amour maternel se voit déplacé et non détruit dans l'oeuvre Durassienne. La femme se vide de ses fonctions ordinaires pour accueillir le pouvoir de mort. L'homme-amant recouvre sa première nature : aimer l'enfant dans la femme. Il est un. On ne distingue plus la femme et l'homme, mais une seule créature femme et homme qui prend corps dans l'amant, une créature androgynique maternelle et aimante. La femme au contraire se présente comme un être dépouillé. De façon générale, la narratrice bouleverse les images et les idées préconçues que l'on se fait de la femme et de la mère. Elle ne fait l'apologie ni du foyer familial ni du mariage. Dans *Le Vice-Consul,* l'ambassadeur, époux d'Anne-Marie Stretter, ne prend pas ombrage des amants de sa femme. Le personnage du mari, à l'instar de Jean Bedford dans *Le Ravissement de Lol V. Stein* n'est qu'un fantoche, beaucoup moins important que la mère.

L'enfance que la narratrice Duras raconte dans *L'Amant* ou dans *Un Barrage contre le Pacifique,* justifie ce parti pris systématique. Les deux romans quasi ou faussement autobiographiques[194] ne font guère l'éloge de la mère. La narratrice se persuade de la folie maternelle. Elle va plus loin dans la destruction du mythe quand elle révise le portrait de sa propre mère : - "Je

---

191 Genèse, 2-22.
192 L'Amant, PP.122-123.
193 L'Amant, PP.50,79.
194 « On remarquera qu'en dépit des divergences apparentes, la problématique est la même : fiction/vérité ; masque-mensonge/dévoilement-dénudement », Marcelle Marini, article « Une femme sans aveu », L'Arc, P. 9.

vois que ma mère est clairement folle. Dans le sang. Elle n'était pas malade de sa folie, elle la vivait comme la santé"[195].

La mère considère sa démence comme une seconde nature. La voix narrative vibre encore de colère même si l'instance ne renvoie pas à un auteur mais à un sujet écrivant. Les sentiments et la tension régnante existent dans l'écriture du passé et donnent vie au récit : "Elle nous fait honte, elle me fait honte… Elle est à enfermer, à battre, à tuer…" [196].

La révolte qui jaillit enfin dans *L'amant,* roman plus récent de M. Duras, était latente derrière chaque personnage du *Vice-Consul* et du *Ravissement.* De l'enfance, la narratrice a conservé ou crée des personnages types de femmes et de mères. Ces constructions à partir du réel peuplent tous les romans de Duras. Elles se distinguent comme les membres d'une famille strictement narrative[197]. Du passé, la narratrice a gardé le ciel de l'Asie du Sud-Est. Elle fait évoluer ses personnages dans un espace et dans un climat-type.

D) Le modèle climatique

Les remarques générales de l'œuvre théâtrale *India Song* laissent entendre que Marguerite Duras ne choisit pas des lieux dans le souci d'une fidélité possible à la réalité. Elle ne vise pas la photographie du réel. Ses descriptions et ses annotations spatiales n'aboutissent pas à des effets de réel. La narratrice n'écrit pas dans le but de réconforter et de conforter le lecteur dans une impression de "déjà vu". Loin de donner une vision objective de Calcutta, la narratrice choisit certains aspects de son climat, une certaine qualité de lumière et quelques tons de son ciel. La voix narrative se pose en peintre davantage impressionniste que classique et opte pour des couleurs particulières que contient sa palette : "Toutes les références à la géographie physique, humaine, politique, *d'India song,* sont fausses"[198]. Toutefois, la narratrice ne tombe pas dans la peinture surréaliste des lieux. L'on serait tenté de dire qu'elle n'invente rien. Pourtant, elle ne s'est pas transportée, comme l'ont fait certains écrivains, dans l'espace de son roman.

---

[195] L'Amant, P.40.

[196] Op. Cit.P.32.

[197] De cette enfance assiégée, creuset de l'œuvre à venir, Marguerite Duras ne se lassera jamais. L'histoire « pulvérisée » recommence sans cesse. Marguerite Duras, Vérité et Légendes, P. 14, Alain Vircondelet. Ed du Chêne.

[198] India Song, P.9.

Elle n'a pas parcouru les rues de Calcutta, un carnet à la main, dans l'espoir d'y trouver des éléments nécessaires à ses descriptions. *L'amant* nous apprend que la narratrice a vu une fois la ville indienne lors d'une escale. Elle reste deux jours à Calcutta et ce par un effet de hasard : - "Une panne de paquebot de ligne. Nous visitons la ville pour passer le temps. Nous repartons le lendemain soir"[199]. Les descriptions dont elle remplit *Le Vice-Consul* viennent de ces deux jours passés à Calcutta. L'enfance a enfermé les lieux, les a nourris puis rejetés dans l'écriture. Le produit de cette longue gestation ne constitue pas une copie de ce qui a été vu une première fois. Calcutta s'est d'abord gravée dans la mémoire de l'enfant ; puis s'est déformée au fil du temps. Dans *Le Vice-Consul,* la narratrice décrit une ville totalement subjectivisée. L'écriture impressionniste révèlera des segments constants. Certains aspects de la ville retenus par la narratrice-enfant et réécrits par l'adulte, deviennent de véritables obsessions. La narratrice aurait des idées fixes un peu comme un air de musique figé sur les lèvres d'une personne.

En outre, la subjectivité narrative liée à l'enfance n'est pas la seule en cause. La narratrice doit tenir compte des personnages. Un espace quel qu'il soit n'existe pas en dehors d'eux. Il se place sous leur coupe. Un décor durassien se met toujours au service des personnages. Calcutta n'existe, dans le roman, que dans la mesure où il reflète les intériorités des personnages présents.

Nous ne lisons pas un roman Balzacien selon lequel les moindres descriptions fonctionnent comme des éléments du réel. Dans *Le Père Goriot* nous pouvons apprécier une longue peinture de cette fameuse pension Vauquer sans qu'un personnage intervienne. L'écriture se consacre au décor. Les personnages, tels des acteurs, doivent attendre qu'il soit mis en place. Marguerite Duras au contraire, ne conçoit pas un espace sans l'intrusion ou le regard d'un personnage. La naissance d'un lieu et l'apparition d'Anne-Marie Stretter, par exemple, sont contemporaines. L'une existe par l'autre. Les deux instances sont à égalité. Cela forme un tout. Il n'est pas possible de tourner des pages consacrées à un lieu afin de trouver au plus vite notre personnage préféré. L'écriture du *Vice-Consul nous* permet de rencontrer Jean-Marc de H., Peter Morgan et les autres à toutes les pages. Les personnages habitent pleinement l'espace dans lequel ils évoluent. La narratrice perçoit l'espace dans une confrontation de deux sortes d'intériorité : la sienne et celle des personnages. Le décor passe par le drame intérieur des différents acteurs et par le parti pris d'un narrateur.

---

[199] L'Amant, P.108.

Nous verrons donc dans cette dernière subdivision la façon dont la narratrice conçoit la pluralité des lieux. Calcutta est à Savannakhet. Dans l'oeuvre filmique *India song*, le château Rotschild représente la Résidence de France à Calcutta. L'on peut s'étonner de ce que Marguerite Duras ait choisit une région française pour lieu de tournage du film. Comment le nord de la France peut-il évoquer Calcutta pendant la mousson d'été en Inde ? Tout est dans tout, répondrait encore la dame du *Camion.* Marguerite Duras explique, en effet, qu'elle ne possède pas un don particulier. Il suffit, dit-elle, "de regarder ou de voir". L'espace se met alors à traverser les époques un même lieu, plusieurs temps[200]. La narratrice visionnaire découvre des millénaires dans un même endroit. C'est ainsi qu'elle transporte par exemple une grotte préhistorique des rives de l'Atlantique à Paris dans *Les mains négatives.* Les mains bleues qu'elle a pu voir gravées sur les parois d'une caverne, se mettent en mouvement très tôt le matin, en plein Paris. Ces mains appartiennent à la population émigrée qui disparaît avec le jour, après les ramassages d'ordures ménagères. Melbourne, ville de la première *Aurélia Steiner* se transporte aussi en France et principalement sur la Seine. Le fleuve peuplera le film d'un autre lieu.

Marguerite Duras ne se soucie pas d'élucider ce mystère. Elle déclare seulement : "Je le vois, je n'invente pas, ce ne sont pas des équivalences. C'est là"[201]. Ne cherchons pas alors dans *Le Vice-Consul* ou dans *le Ravissement de Lol V. Stein* une reproduction de Calcutta ou de quelque autre endroit du monde. Essayons de cerner, du mieux possible, cette construction spatiale et climatique, dominée par l'écriture Durassienne. Que devient l'Asie du Sud-est dans *Le Vice-Consul* ? Pourquoi le crépuscule ou l'aurore sont-ils fréquemment évoqués dans les oeuvres de la configuration indienne ?

La narratrice met en place, peut-être, une symbolique que nous tâcherons d'élucider par l'étude des principales annotations spatiales terrestres ou aériennes. Nous chercherons à comprendre les raisons de cet agencement des contraires qui font de Calcutta une ville à contrastes et un lieu que domine la mort.

---

[200] « Quand on voit les façades de l'hôtel, c'est une Inde de nulle part… C'est une Inde métaphorique… C'est l'Inde recréée d'une autre manière. On ne voit pas l'Inde qui est décrite dans le texte. Ça crée vraiment un pays inconnu : on est dans un pays inventé « Marguerite Duras tourne un film, P. 24. Nicole Lise Bernheim. Ed. Albatros.

[201] Entretien au sujet du film <u>Le Camion</u>, recueilli par Jérôme Beaujour

a) Une symbolique de fin du monde

Les descriptions dans l'oeuvre de Marguerite Duras ne sont pas gratuites. Elles visent à refléter le déclin de l'Occident, "la fin de notre histoire" comme le dit la narratrice-auteur.

Nous le voyons par exemple à travers les nombreux crépuscules qui s'offrent au regard des personnages : "A Calcutta, aujourd'hui, il est sept heures du matin, la lumière est crépusculaire, un himalaya de nuages immobiles recouvre le Népal..." [202].

D'emblée, la narratrice entre dans un cadre précis spatio-temporel. Le temps s'inscrit très objectivement (7 heures) cependant que l'espace se présente métaphoriquement. Les montagnes de l'Himalaya apparaissent sous la forme de nuages. De fait, la narratrice décrit surtout d'après ce que perçoit l'oeil. Peter Morgan ne peut apercevoir l'Himalaya mais seulement les nuages qui recouvrent cette chaîne de montagnes. On note la mise en nom commun du nom propre "Himalaya". La narratrice omet la majuscule. Sur l'axe paradigmatique, en effet, le mot "ensemble" ou "groupe de nuages" pourrait remplacer "himalaya". Les lieux connus semblent déjà tomber dans le domaine du commun. On assiste à une désacralisation de l'espace. En revanche, "Népal" conserve sa majuscule. La narratrice fait un tri des lieux du monde. Le Népal prend de l'importance dans *Le Vice-Consul* du fait que le personnage Anne-Marie Stretter y commande des roses pour ses soirées à l'ambassade : - "Anne-Marie Stretter est arrivée dans la salle octogonale et distribue aux dames les roses arrivées du Népal"[203]. Dès lors qu'un endroit acquiert une signification précise, la narratrice l'isole de façon rhétorique. Les autres lieux sont laissés à l'arrière-plan. Il en est ainsi pour l'Himalaya.

Les premières lignes de la citation nous conduisent au ciel. L'espace est quelque peu purifié. Nous sommes encore loin de la douleur. Les phrases suivantes nous en rapprochent. Le mouvement est descendant. Nous gagnons la chaleur épouvantable de Calcutta pendant l'été : - "...Dessous une vapeur infecte stagne, la mousson d'été va commencer dans quelques jours...". L'adverbe spatial "dessous" matérialise l'espace. Il est assez rare que de tels adverbes indiquent des positions dans l'évocation d'un décor naturel. Ils sont davantage employés pour les objets ou édifices tels qu'une maison. Son usage, ici, délimite l'espace naturel. La narratrice fait comme s'il était possible de distinguer des zones précises de couleur dans l'univers. Elle efface les transitions et les nuances spécifiques à la nature. Nous ne lisons plus une description d'une chaîne de montagnes dominant le Népal,

---

[202] Le Vice-Consul, P.31.
[203] Op. Cit.P.140.

sous laquelle s'étend une ville déjà vaporeuse. Noùs observons un tableau. Il nous est presque possible de toucher du doigt telle ou telle ligne du décor tracée par la narratrice. Il s'agit bien d'une construction du réel et non d'une photographie de la réalité. La narratrice indique non ce qui est vu par tout le monde, mais ce qu'elle voit.

Dans notre descente vers la "vapeur infecte" et stagnante, nous regagnons ce temps objectif et immédiat dont il était question au début. La narratrice plonge le lecteur dans le temps de l'histoire. Elle avait construit un décor non dans le désir de provoquer notre admiration mais dans le but de nous enfermer dans le temps de l'horloge. Nous vivrons chaque minute d'angoisse et de lassitude des personnages. La mousson se présente comme une menace. L'expression "dans quelques jours" nous prépare à l'imminence du moment. Enfin, ce premier crépuscule soulève un contraste. Il est sept heures du matin. Nous avons dépassé largement l'aurore et pourtant "la lumière est crépusculaire". La narratrice place la nuit dans le jour. Calcutta se montre à travers ce premier paradoxe.

Plusieurs crépuscules s'échelonneront au fil de l'oeuvre. Ce moment semble constant non seulement dans *Le Vice-Consul* mais dans les autres oeuvres concernant l'univers indien ou asiatique.

Le crépuscule n'est évoqué que dans la mesure où il atteint ou accompagne certains personnages : - "A Calcutta, ce matin, dans la lumière crépusculaire Anne-Marie Stretter traverse ce parc..."[204]. La répétition de cette figure d'oxymore "lumière crépusculaire" rend le moment signifiant dans toute l'oeuvre. Une troisième fois, les personnages en voiture, roulent dans cette même qualité de lumière : "Les rizières du Delta dans la lumière crépusculaire, sur une route droite." (op. cit.p.175). Ce moment du temps suspendu semble accompagner les moindres faits et gestes d'Anne-Marie Stretter. Sa destinée paraît rivée au crépuscule. Ses sorties crépusculaires fonctionnent comme des prolepses, annonces de sa mort future.

Cette préférence pour le temps "entre chien et loup" s'apparente au contenu de certains poèmes romantiques. En effet, Lamartine aime à situer ses évocations au moment du crépuscule ; les souvenirs particulièrement heureux y trouvent un écho. Le moment est propice à la mélancolie. Le poète s'adonne alors à la douce souffrance de la nostalgie : - "Souvent sur la montagne, à l'ombre du vieux chêne, / au coucher du soleil, tristement je m'assieds" ; ou encore "Un soir, t'en souvient-il ? Nous voguions en silence."[205] Toutefois, chez les poètes et écrivains romantiques, même si le

---

[204] Le Vice-Consul, P.36.

[205] Les Méditations, Le Lac, L'Isolement, vers 1,2 et 13.

crépuscule s'accommodait d'une tristesse, l'aurore en revanche était signe d'espoir. Les poèmes se terminaient sur l'espérance et la beauté. La nature s'avérait toujours une tendre confidente. Elle réconfortait l'homme dans ses souffrances.

Il n'en est rien dans l'oeuvre Durassienne, totalement pessimiste. L'aurore n'apporte pas le secours demandé. Le lever du soleil se rapproche du crépuscule. L'astre jaune rejoint la nuit noire. Le matin se voit toujours sali ou assombri par les restes de la nuit : - "Le soleil est levé et l'on voit son halo couleur de rouille au-dessus des pierres et des palmes"[206]. Le soleil ne luit pas dans toute sa splendeur comme le signifiait Victor Hugo : "Une lueur, rayon, vague..., dore les champs, les fleurs, l'onde, et devient lumière..."[207]. L'effet s'inverse dans *le Vice-Consul.* La nuit combat le jour et en triomphe : - "Le ciel se découvre, bas, du gris orangé d'un crépuscule d'hiver"[208]. La note est doublement dysphorique. La lumière non seulement s'obscurcit mais évoque une saison peu heureuse : l'hiver. A travers cette atmosphère spleenétique, Marguerite Duras semble se rapprocher de la vision baudelairienne. Il nous vient en mémoire un poème des *Fleurs du mal* dans lequel il est aussi question d'un "ciel bas et lourd..." ("Quand le ciel bas et lourd pèse comme un couvercle..."). Ce poète évoquait souvent les instants crépusculaires et les fameux couchers de soleil chers aux romantiques. Mais il en montrait l'aspect négatif. Baudelaire dénonçait, un siècle avant Duras, les utopies des romantiques. La nature ne peut renfermer la joie ou le réconfort. Elle rappelle à l'homme sa condition misérable, prisonnière du bien et du mal : "L'irrésistible Nuit établit son empire, noire, humide, funeste et pleine de frissons..."[209]. L'écriture Durassienne posséderait ces accents baudelairiens. Ses personnages se heurtent à une nature et à un climat hostiles. Tous finissent par sombrer ou dans la mort, ou dans la folie, ou dans l'indifférence. Peter Morgan découvre des matins sordides et malsains à Calcutta : "Nid de fourmis grouillant, pense Peter Morgan, fadeur, épouvante, crainte de Dieu et douleur, douleur, pense-t-il..."[210]. Les pensées du personnage négativisent l'espace. La douleur nomme un tel lieu. La voix narrative n'entonne pas une hymne à Dieu, elle donne de l'Etre suprême une image négative, comme ces vers de Baudelaire : "Mais je poursuis en vain le Dieu qui se retire." A la manière de Charles Baudelaire, Marguerite Duras inverse le rôle de la nature. Elle procède, comme pour

---

[206] Le Vice-Consul, P.163.
[207] Les Contemplations, Eclaircie, vers 31,32,33.
[208] Le Vice-Consul, P.206.
[209] Les Epaves, Vers 9,10,11.
[210] Le Vice-Consul, P.30.

l'image maternelle et féminine, à une démythification. L'univers devient un enfer pour les hommes qui y vivent. Face à l'horreur des affamés et des lépreux de Calcutta, il n'est plus possible d'envisager un quelconque espoir. Seule la mort offre une issue. Aussi peut-on dire que le Vice-Consul tirait non pas sur les lépreux mais sur le jardin de Shalimar, espace porteur de cette souffrance. C'est sur le monde, sur l'univers entier que ce personnage épique appelle la mort.

Anne-Marie Stretter apparaît alors comme ce double du Vice-Consul qui incarnera le message profond de la narratrice : un chaos est nécessaire pour mettre fin à tant de souffrance pour que "que tout aille à sa fin". Marguerite Duras expliquait dans un entretien qu'il fallait songer à un chaos final. Rien ne peut sauver le monde si ce n'est une fin du monde. Ce bouleversement remettrait les choses dans leur état initial afin que tout recommence autrement : - "C'est le mot de la bonté. Le monde n'a pas marché. Il a basculé. Il faudrait une catastrophe de l'occident de façon cosmique." *La Dame des Yvelines.*

L'aurore ou le jour total n'existent pas pleinement dans *Le Vice-Consul.* La lumière se contamine d'obscurité. Aussi les personnages subissent-ils les reflets d'un univers faux et clair-obscur. Ce paragraphe est particulièrement révélateur : "La lumière de la fenêtre éclaire une fougère transportée ici dans la salle octogonale…" : le lieu paraît artificiel. La lumière passe, si l'on peut dire, par un relais qui est la fenêtre. De plus, ce n'est pas la nature vivante et authentique qui peuple l'endroit. Les plantes y sont en pots. L'espace et son contenu ont été entièrement construits. La nature n'y est pour rien. L'homme a remodelé un univers à sa mesure. : - "Dans un bassin près de la porte, la fenêtre se reflète…" : l'objet qui reflétait reflète à son tour : - "Une ombre traverse l'eau du bassin. Elle est dans la pénombre"[211]. Tout compte fait, le personnage arrive à la fin de la chaîne des reflets. Il lui faut plusieurs relais avant d'atteindre le lecteur. Anne-Marie Stretter viendrait vers nous du fond de plusieurs miroirs se faisant face. En outre, tout nous parvient par les reflets. Nous ne voyons pas les divers objets dans leur matérialité. Cela revient à dire que l'univers du *Vice-Consul* est quasi fantomatique. Les personnages et l'espace sont de l'ordre du paraître. Le monde a basculé dans l'inauthenticité.

Aux nombreux crépuscules et à l'artificialité des lieux, vient s'ajouter une impression cadavérique.

En effet, les couleurs claires et obscures s'accompagnent d'odeurs nauséabondes. Charles Rossett s'y montre sensible : - "Les lauriers-roses jettent

---

[211] Le Vice-Consul, P.188.

leur parfum funèbre… Jamais plus cette fleur, jamais, nulle part"[212]. Précédemment, nous avions montré que cette fleur était liée aux lépreux. Son odeur s'assimile à la chair putride de ces malades. De façon générale, les européens, en mal d'exotisme, aiment certaines épices. Le safran ou le curry accompagnant des plats, sont plutôt les bienvenus. Dans ce domaine, la narratrice inverse une fois de plus les rapports. Le safran et le curry apparaissent comme des instruments de torture pour le "blanc non acclimaté" de Calcutta. : "L'odeur de Calcutta la nuit est celle de la vase et du safran"[213]. La nourriture et la pourriture se trouvent assimilées. Le safran concerne plutôt la fonction nutritive de l'homme et même, pour certains, un plaisir gustatif. La vase, nous le savons, contient souvent des cadavres d'animaux. Calcutta vit donc dans cette double odeur de vie et de mort. Il est d'ailleurs question plus loin de "la fade pestilence de la vase."

Les crépuscules et l'invasion de la vase dans l'espace indien, fabriquent, en quelque sorte, une allégorie. Ces segments dysphoriques mettent en place le déclin de l'occident. Les personnages se déplacent souvent pendant le crépuscule. La bonzesse, elle-même, attire la curiosité par ses déplacements vers le couchant. Le paradoxe réside dans le fait que l'espace choisi concerne davantage l'orient que l'occident. Or, l'orient de l'espoir, par les éternels soleils levants, libère les lieux du livre pour un occident déclinant.

L'est qui a toujours été – considéré comme la terre promise, n'apporte plus une solution aux problèmes de l'occident. A Calcutta, comme à Savannakhet, nous avons été confrontés à la mort, la faim et la dureté humaine. *Le Vice-Consul* signifie dans son ensemble que l'orient et l'occident se rejoignent dans ce même message de désespoir et de souffrance. Où que l'on aille, quelle que soit la partie du monde, à l'Est comme à l'Ouest, l'homme et le personnage Durassien rencontrent l'invivable.

Il reste à dire que l'enfance de la narratrice déconstruisait déjà l'orient et les idées que les européens s'en faisaient. *L'amant* nous parle aussi des mêmes crépuscules et des mêmes couchants : "Le crépuscule tombait à la même heure toute l'année… On ne voyait pas le ciel. Il était pris dans un brouillard uniforme que même la lumière de la lune ne traversait pas…"[214]. L'univers de la narratrice-autobiographe s'enferme aussi dans l'atmosphère grise et funeste des crépuscules. Ici aussi la lumière ne pénètre pas les lieux. Il est possible que la narratrice n'ait pu se séparer de ses impressions d'enfance. Le ciel de Savannakhet se répand jusqu'à Calcutta. La fidélité

---

[212] Op. Cit.P.166.
[213] Op. Cit.P.33.
[214] Le Vice-Consul, P.271.

objective et climatique n'a pas cours dans l'oeuvre Durassienne. Seule importe cette vérité esthétique et affective. Les lieux que la narratrice du *Vice-Consul* ou du *Ravissement de Lol V. Stein* distribue, se soumettent à son propre désir. La narratrice met en scène sa fascination pour le climat asiatique. Les moments de la journée ont marqué profondément son être comme Lol V. Stein à S. Thala, désemparée de voir le jour s'en aller :

- "La mort des marécages emplit Lol. d'une tristesse abominable, elle attend, la prévoit, la voit"[215].

Les crépuscules annoncent toujours une fin d'ordre existentiel. Les lieux se couvrent d'obscurité. Or, Lol V. Stein désire surtout que rien ne s'achève. Elle voudrait, par son regard, arrête le temps. Elle désirerait faire reculer le crépuscule. Mais le temps se met en marche et la fin est proche. La narratrice donne ainsi du relief à l'impuissance de ses personnages et à leur calvaire au sein d'un environnement déprimant et constamment crépusculaire.

L'univers subit de la part de la narratrice de perpétuels changements. Rien n'y garde une forme constante et immobile. L'eau et le feu, la pluie et la lumière cohabitent dans une nature évanescente.

b) L'agencement des contraires

A l'instar de Charles Baudelaire, Marguerite Duras, nous l'avons vu, s'insurgeait contre les sentiments pathétiques et passionnés d'une nature riche, vitale. L'homme, au contraire, s'y sent perdu et y trouve l'obsession de la mort. La nature, loin de proposer une harmonie à l'homme, se présente à lui dans un équilibre menacé.

Certains traits de la rhétorique Durassienne font songer alors à une écriture baroque. Les jeux de miroirs et de reflets dont il a été question précédemment sont, en effet, des constantes de l'esprit baroque.

La narratrice montre souvent un ciel indien en mouvement. L'espace aérien devient un personnage qui soumet aux hommes ses fluctuations. Il leur impose soit une clarté momentanée, soit une obscurité angoissante. Dans le ciel indien, des formes se heurtent, se combattent dans des duels sans merci :

- "Un orage arrive… L'orage cesse brusquement, le soleil apparaît dans une éclaircie de quelques minutes…" [216]. Le présent d'évocation transforme de simples manifestations climatiques en événements de la plus haute im-

---

[215] Le Ravissement de Lol V ; Stein, P.186.
[216] Le Vice Consul, P.43.

portance. Le récit s'attarde, s'arrête. Les personnages se figent un moment et semblent fixer le ciel. D'ailleurs, la narratrice a immobilisé le personnage devant une fenêtre :

- "L'ambassadeur va relever le store de la fenêtre…". Le geste du personnage est suivi d'une assez longue évocation des mouvements du ciel. Le récit des autres événements est subordonné à l'espace mouvant. L'écriture baroque entre alors en action. On assiste à une désagrégation progressive des éléments. Le soleil et la pluie rivalisent dans un même ciel clair-obscur :

- "Et puis le trou dans l'épaisseur des nuages se colmate de nouveau. Dans une rafale silencieuse, les ombres du jardin sont arrachées…". Le soleil quitte de nouveau l'espace et la nuit, la lumière crépusculaire reprend ses droits. Le ciel redevient animé et présente une structure. Il est comme matérialisé et se voit doté d'une "conscience". Au même titre qu'un peintre qui comblerait les vides d'une toile, le ciel remplit les trous de son ombre. Pour parachever cette impression très contrastée du combat de l'ombre et de la lumière, la narratrice crée une sorte de violence silencieuse. Tout est perçu comme dans un film muet. Les formes se mettent en mouvement sans le moindre bruit. Le ciel soudainement matérialisé agit sur des arbres qui semblent, pour leur part, privés de leur matérialité. Ils ne sont plus que des "ombres". Le terme "arrachées" accentue l'expression de cette violence aveugle. La narratrice veut montrer, surtout, que le jardin est vu. Elle cherche à isoler le regard des personnages. Nous sommes, en effet, en focalisation interne. Charles Rossett et l'ambassadeur assistent dans leur bureau insonorisé, aux mouvements du ciel. C'est pourquoi ils ne peuvent pas entendre les bruits que fait le vent dans les arbres. La scène est perçue de l'intérieur. La narratrice adopte le point de vue des personnages. La pluie apparaît, la plupart du temps, avec le soleil. Il n'existe pas d'uniformité. Le ciel n'est jamais ni tout bleu ni tout noir. Le soleil succède à la pluie sans transition. La narratrice n'exprime pas les ruptures mais une transformation perpétuelle des éléments. Tout survient dans l'immédiateté. Contrairement à la condition des personnages prisonniers de l'attente, les éléments naturels ne connaissent pas l'écoulement du temps. Alors qu'Anne-Marie Stretter vit dans l'immobilité et la fixité du regard, l'eau, la lumière et le feu se meuvent à une vitesse folle. Le personnage est exclu de ce mouvement. Il est laissé pour compte. Les éléments le devancent toujours. Les personnages se trouvent hors course :

- "Ils traversent un orage, et puis voici les palmeraies de Delta qui luisent dans une éclaircie…" [217]. Le présentatif "voici" place l'événement devant

---

[217] Le Vice-Consul, P.117.

les personnages. L'éclaircie précède les voyageurs cependant qu'ils sont en voiture. La machine ne peut guère aller plus vite que le ciel. L'impuissance de l'homme se manifeste encore dans cette simple évocation du ciel indien.

L'œuvre théâtrale *India song* révèle davantage cette rhétorique baroque. La nature y est omniprésente. Elle peuple entièrement l'espace. La narratrice s'éloigne encore plus de la réalité et s'approche d'un univers quasi fantastique. Tous les éléments semblent jaillir en même temps dans les jardins et les parcs de l'ambassade. On assiste à une prolifération des manifestations climatiques. Cet entrelacs des contraires dans l'univers indien reflète bien la définition du Baroque que proposent Chassang et Senniger : "L'écriture Baroque se caractérise par la surcharge et la bigarrure, la manie descriptive". Le texte théâtral abonde ainsi d'images subtiles et antithétiques : - "Soleil d'après la pluie. Soleil mouvant. Taches de lumière grise, pâles…" [218]. La narratrice transforme aussi le soleil, l'astre subit une brisure, un éclatement. L'espace se tapisse non d'une couleur uniforme mais de touches successives. Il n'est plus question du ton jaune citron que l'on attribue habituellement au soleil. L'astre s'est obscurci lui aussi. Une éclipse se serait produite.

India song semble vivre un bouleversement cosmique. La lune, planète de la nuit, apparaît désormais en plein jour. Le ciel indien renferme et laisse voir à la fois le soleil, la lune, la nuit et la lumière. Les contraires s'y sont donné rendez-vous : - "Le ciel s'éclaircit mais reste nocturne… La pluie… Une lumière blanche la remplace, taches lunaires dans les allées du parc…". Les phrases apparaissent comme brisées. La narratrice les commence mais ne les termine pas, ou bien sous-entend les verbes. Les syntagmes sont soit inachevés soit constellés d'innombrables ellipses. L'écriture, tout à la fois, dit et ne dit pas. Elle se fait volontairement balbutiante. La narratrice évoque la nature dans ce bouleversement et l'enchevêtrement d'éléments opposés afin d'exprimer le malaise des personnages. Ceux-là souffrent surtout du climat étrange et inhumain de Calcutta : - "On dit "elle ne s'acclimatera pas, il va falloir la renvoyer en Europe" ; "Déjà, ne supportait pas"[219]. l'écriture baroque consiste aussi à traduire l'univers en éléments visuels. c'est ainsi que la narratrice matérialise les choses impalpables. Elle colore l'invisible. Les senteurs sont visibles. Elle met tous les éléments de l'espace sous le regard des personnages et du lecteur. L'atmosphère s'est comme alourdie d'un corps qu'elle ne possédait pas : - "Des mouvements très lents, des dé-

---

[218] India Song, P.46.
[219] India Song, PP.42,46.

placements très lents, d'odeur" ; "La chaleur est couleur de rouille au-dessus des fumées" [220]. Ce qui est de l'ordre sensoriel devient visible. La narratrice accorde un sixième sens à ses personnages. Elle procède à un véritable montage de l'espace. *India song* donne cette impression de création théâtrale d'un cadre. Les lumières et l'état du ciel naissent des projecteurs. La narratrice semble faire de Calcutta et de son ciel un studio gigantesque. Elle désire signifier pleinement au lecteur ses véritables intentions. Elle veut, une fois de plus, briser l'illusion. Il faut que le lecteur sache qu'il se trouve au théâtre, face à une scène et à des projecteurs. L'inscription d'un tel univers artificiel dans "le livre", objet fermé et sacré, fonctionne en mise en abyme de l'oeuvre elle-même. Dans ce qu'on peut appeler les didascalies du texte, Marguerite Duras insiste pour que l'odeur de l'encens gagne aussi la salle qu'occupent les spectateurs. La narratrice vise donc la participation du spectateur et du lecteur. Le livre correspond à une préparation du lecteur en vue d'une éventuelle représentation. En somme, la présentation d'un espace et d'un climat proches du monde fantastique relève plutôt d'une mise en place d'un cadre théâtral.

L'écriture baroque crée, en outre, un bouleversement du cosmos. L'agencement des contraires entre, très exactement, dans le projet narratif. Il s'agit surtout de signifier la mort de l'univers, le chaos final. Aussi ferions-nous, à l'appui du texte, quelques rapprochements bibliques.

- Dans *Le Vice-Consul,* la répétition du mot "Delta" au sujet du fleuve indien tout au long du roman, éveille pour nous, l'image d'un autre delta : celui du Nil ! Or, ce fleuve subit, dans l'Ancien Testament, une métamorphose tragique ; elle devient "une plaie" l'eau se change en sang. La narratrice insiste, curieusement, vers la fin de son texte, sur les "eaux noires du Delta". L'adjectif "noir" surgit à maintes reprises dans un même paragraphe. Il ne peut que faire sens par son intertextualité. Un texte peut en rappeler un autre. Il peut intégrer par son écriture, un épisode d'un texte précédent, au delà des cultures et des religions. Il est possible qu'un livre soit la répétition détournée d'un autre livre. Les eaux noires du Delta rappellent ces eaux rouges du Nil ! frappées d'une malédiction : - "Les jonques noires qui avancent dans les voies d'eau, entre les rizières d'eau noire… On est dans un pays d'eau… entre les eaux… douces salées, noires…" [221].

- De même, c'est une impression de déluge qui domine l'ensemble des deux oeuvres, *Le Vice-Consul* et *India song.* Dans la première oeuvre, les états maladifs du ciel sont des signes précurseurs du déluge. De fait, la nar-

---

[220] Op ; Cit. PP.113,52.
[221] Le Vice-Consul, P.176.

ratrice nous dirige vers un univers essentiellement fait d'eau. Cette eau semble même avoir atteint le ciel qui devient d'une compacte opacité : "Vers le Delta le ciel est si épais que des coups de canon dedans en feraient jaillir de l'huile…" [222]. Le ciel menace de la même façon que la grêle et le feu que Dieu fit tomber sur l'Egypte. La narratrice paraît recommencer, mais à rebours, la Genèse. Elle revient au point de départ. Elle défait la création. En effet, Dieu sépara le ciel de la terre afin d'y faire naître la vie. Or, dans *Le Vice-Consul,* le ciel finit par ressembler à la terre. Une métaphore place le ciel et la terre sur un même plan : - "Le Delta du Gange, c'est par là : là le ciel est un amoncellement fantastique de fourrages vert sombre"[223]. On remarque le point de rupture, le petit espace où tout bascule : le Delta du Gange. De par sa nature, le delta constitue toujours la fin d'un fleuve. Il symbolise la mort d'un fleuve et sa dispersion dans la mer. Il marque une fin. Le delta représente le moment précis de la fin du monde. La narratrice assigne un lieu au basculement vers les ténèbres. La pluie envahit l'espace tout entier. L'eau a atteint l'atmosphère. Le ventilateur qui tourne dans la chambre d'Anne-Marie Stretter, ressemble à une hélice de bateau : - "Le grand ventilateur remue l'air saturé d'eau de citronnelle". Au moyen d'habiles métaphores, la narratrice mime le déluge. Elle appelle la pluie sur Calcutta. Elle provoque à sa façon la fin du monde par un moyen précédemment utilisé par Dieu lui-même. Le lecteur s'étonne encore du bruit de l'eau que la mer ou la pluie font naître. La narratrice sonorise aussi les textes : "Le bruit de la mer est plus fort…" ; - "Il y a toujours le bruit de la mer là-bas…"[224]. En l'espace de deux pages, la narratrice opère une gradation. La mer intensifie son bruit comme si elle se rapprochait. Cela provoque l'affolement des oiseaux. Ces signes connotent un bouleversement très proche : "Les oiseaux crient, ils partent vers la côte, le ciel, c'est une bousculade insensée, toujours…" [225].

En somme, *Le Vice-Consul* salue l'avènement d'une fin du monde. L'écriture nous conduit pas à pas vers la submersion finale de la terre par les eaux. En revanche, *India song*, qui est une remémoration dédiée aux disparus du *Vice-Consul,* commence par la colère des eaux. Le déluge est fortement évoqué [226] : "Il pleut sur le Bengale. On ne voit pas la pluie. Elle

---

[222] Op ; Cit.P.167.
[223] Op. Cit.P.16.
[224] Op. Cit. PP.195,198.
[225] Le Vice-Consul, P.199.
[226] La mer est omniprésente dans toute la production durassienne, symbole de la féminité, vectrice d'érostisme et de violence : « J'ai toujours été au bord de la mer dans mes livres…

est seulement entendue."... "La pluie. Le bruit, très fort pendant plusieurs secondes"[227]. Dans le dernier acte, la mer prend le relais. Elle emplit l'espace de son bruit comme dans *La femme du Gange.* Les piaillements des oiseaux accompagnent la mer pour signifier l'affolement, la peur ou le pressentiment d'une catastrophe. Le premier acte fait entendre en même temps que la pluie les cris humains dont on ignore s'ils expriment la joie ou l'horreur. l'esprit baroque demeure encore dans cette mise en scène apocalyptique : "Les cris isolés"... : ils renferment peut-être la peur ; "...Et les rires percent... Tout à coup cris plus précis..." : le doute est permis. Le plaisir et le terrible coexistent. Il est vrai qu'en Inde, la mousson renferme un paradoxe. Les indiens la souhaitent et la craignent à la fois. L'eau se montre soit nourricière soit meurtrière. Elle donne la vie par le blé qu'elle arrose ou la mort par la destruction de ce même blé. Dans les phrases ci-dessus, la narratrice exprime cette ambiguïté. D'un point de vue mystique et biblique, ces cris mêlés de rires peuvent évoquer l'inconscience du peuple à la veille des déluges ou des bouleversements provoqués par le créateur.

Dans l'acte IV, les oiseaux semblent, eux, conscients du danger. Leurs cris se mêlent aux sirènes des bateaux dans une cacophonie épouvantable. Plusieurs bruits se superposent dans la dysharmonie le bruit de ventilateur, le cri des oiseaux, les bateaux, le son d'une musique de dancing et des conversations : "Les événements sonores arrivent les uns après les autres"[228].

L'acte en entier se consacre au bruit. Il fait de lui le personnage principal. Les humains entrent et se figent dans le décor. La narratrice met en scène la colère des éléments. La nature est dans une grande fureur. La narratrice fait *d'India song une* pièce baroque. La nature et l'espace sont présentés dans une constante mobilité. Les formes s'évanouissent. La lumière disparaît ou s'obscurcit aussi vite qu'elle avait envahi les lieux. L'écriture place des personnages dans un univers aux mille miroirs. Tout s'y reflète. Les individus eux-mêmes perdent de leur consistance. Anne-Marie Stretter n'est plus qu'une ombre dans la pénombre.

L'angoisse du personnage et son obsession de la mort surgissent dans cette mise à mort du monde. La narratrice décrit le chaos final à travers la mort d'un personnage. La mer représente le lieu qui engloutit Anne-Marie Stretter et le point de rupture du monde. Là encore la lecture de l'Ancien

---

La mer me fait très peur, c'est la chose du monde dont j'ai le plus peur... » Les Lieux de Marguerite Duras, P. 84. Ed de Minuit.

[227] India Song, P.22.

[228] India Song, P.124.

Testament conseillée par "ce petit juif de Neuilly" intervient. Les signes du déluge voulu par Dieu pour détruire le monde où les plaisirs de la chair s'étaient répandus, parcourent et *India song et Le Vice-Consul.* La pluie et la mer envahissent progressivement la terre de leurs eaux et l'atmosphère de leurs bruits.

Les nombreux crépuscules que la narratrice place dans le roman, ne procèdent donc pas de visées romantiques. Ils dénoncent, au contraire, la perdition du personnage dans une nature perverse et agressive. Anne-Marie Stretter et ses compagnons s'attachent désormais à ne sortir que le soir. Comme prisonniers d'une caverne, ils ne supportent plus la lumière du soleil : - "Le jour. La lumière. Quelle lumière. Terrible"[229] ; "C'est la lumière du jour, quand il y a du brouillard, elle est si pénible…"[230]. Enfin, dans l'agencement des contraires, les éléments de la nature se voient constamment métaphorisés. Le verbe "être" abondamment utilisé aplanit l'univers pour le lecteur. Tout est comme tout, serait-on tenté de dire. L'horizon "est" par essence "une ligne droite". De même la chaleur n'approche pas la couleur de rouille : elle l'est, écrit la narratrice. Il n'est pas possible de remplacer le verbe "être" par un synonyme. Le mot dit ce qui "est", ce que voit la narratrice. Son désir se laisse deviner à travers toute la symbolique de fin du monde et l'enchevêtrement des éléments : elle tente de remettre le monde au point zéro. Elle fait en sorte que la terre et le ciel se rejoignent dans ce magma confus d'avant la création. Ainsi, accomplit-elle, le temps de deux œuvres, ce miracle de l'effacement de toutes les souffrances.

[229] India Song, P.114.
[230] Le Vice-Consul, P.164.

Conclusion

André Gide disait : "Le bon romancier fait ses livres avec ses vies possibles, le mauvais avec sa vie réelle." L'auteur place encore l'acte d'écrire et de vivre dans une volonté de libération de soi. Marguerite Duras ne reflète pas, il est vrai, sa propre vie dans ses romans. Les personnages qui y évoluent ne sont pas des copies d'individus réels. Toutefois, on ne peut pas contester le fait qu'un narrateur écrit aussi en fonction de son passé ou contre lui[231]. L'enfance détermine l'écriture à venir. Marguerite Duras enfant avait déjà décidé qu'elle écrirait plus tard. Aussi Anne-Marie Stretter apparaît-elle comme une construction de l'imaginaire enfantin.

La femme pour Marguerite Duras est moins un personnage que l'on construit et dont on suit les aventures romanesques qu'un être dont le souvenir nous imprègne. L'écriture aidée de la mémoire façonne le corps de toutes ces femmes, de Lol à Anne-Marie Stretter et même de cette pauvre mendiante errante et échouant dans les eaux du Gange. Les détails d'une pose, d'un regard, d'un parfum et d'un jeu musical se détachent. Par cette élection du banal et de l'anodin, la narratrice introduit le lecteur dans sa propre mémoire sensitive et affective. L'œuvre romanesque le convie alors à une montée vers les origines.

De même, les mères cruelles et sujettes à la folie du *Vice-Consul* ou du *Ravissement de Lol V. Stein* viennent de l'enfance. Le livre à caractère autobiographique, *L'amant,* nous livre au demeurant un portrait assez révélateur. Duras-narratrice porte sur sa propre mère un regard froid et scrutateur qui ne peut nous laisser indifférent : "Elle avait cette façon de ne plus pouvoir nous laver, de ne plus nous habiller… Ce grand découragement à vivre, ma mère le traversait tous les jours…" [232].

Lorsqu'il s'agit de la mère, un narrateur ne peut pas imposer silence à l'enfant qui est en lui. Un narrateur vit aussi avec l'auteur même si l'on a longtemps proclamé "la mort de l'auteur", après celle de Dieu. Marguerite

---

[231] « De 1965 à 1984, le cheminement de Marguerite Duras peut ainsi se lire comme une lente progression vers la maîtrise du rapport que les livres entretiennent avec la vie. » Aliette Armel, Marguerite Duras et l'autobiographie, P. 23. Le Castrol Astral.

[232] L'Amant, P.23.

Duras est aussi Marguerite Donnadieu, fille d'une institutrice, Marie Legrand, tentée par l'aventure coloniale et grugée, en Indochine, par des agents du cadastre peu scrupuleux [233]. L'attitude maternelle marque toujours un narrateur, soit qu'il en parle soit qu'il la taise. L'image de la mère s'inscrit entre les lignes, dans les blancs du livre. On est en droit de penser que la mort et l'amour sont des figures essentielles dans l'oeuvre Durassienne, du fait qu'elle décrit le visage de sa mère à des moments pathétiques, comme à ses derniers instants, dans *Un barrage contre le Pacifique :* - "Un visage écartelé, partagé entre l'expression d'une lassitude extraordinaire, inhumaine et celle d'une jouissance non extraordinaire, non inhumaine" [234]. Il semble que par la suite, le personnage d'Anne-Marie Stretter subisse cette dernière image maternelle. L'amour n'est que douleur. Et la mort, selon les mots de Maurice Blanchot, offre "une issue dans une impasse". La mort arrêterait la chute et la course des individus. Même si Marguerite Duras ne laisse pas la mère envahir son œuvre, comme si le signifiant « mer/mère » subissait le même rejet, elle donne à ses personnages féminins la plupart de ses traits dominants. Le désespoir vient de la mère, celle de l'enfance indochinoise, qui avait rêvé un jour de nourrir toute une plaine, avant que l'autre mer, celle de Chine, vienne mettre un terme à cette utopie : « J'ai eu cette chance d'avoir une mère désespérée d'un désespoir pur que même le bonheur de la vie, si vif soit-il, quelquefois, n'arrivait pas à l'en distraire »[235]. Les personnages vivent tous de cette lassitude devant la vie, cette paresse issue de l'existence même. Le désir d'écrire naît de l'accablement maternel. Désobéissant à la mère, Marguerite Duras se voue à son art afin de forger son propre destin et de fuir le délire délétère de sa génitrice. Son avènement à l'écrit se « fait » contre la mère.

Mais, l'enfance dans le récit, ce sont aussi les paysages inoubliables de l'Asie du Sud-Est[236]. Il est impossible à la narratrice d'oublier les derniers regards vers le Siam, le soir, "assise sur la vérandah". Comment effacer cette odeur d'encens qui se répandait au crépuscule ? Comment enfin rayer

---

[233] « Elle vend au même moment sa petite maison d'Hanoï et, avec ses maigres économies, se lance dans un projet gigantesque qui, elle est sûre, fera basculer son destin : acheter une terre, la faire fructifier, devenir la reine des rizières du Pacifique », Marguerite Duras, par Laure ADLER, P. 53, Gallimard.

[234] Un Barrage contre le Pacifique, P.358.

[235] L'Amant, P.22.

[236] « Elle est née au seuil d'une terre fondue à la mer et au ciel dans une trinité de monde originel. Une plaine de boue acharnée à prouver son attachement au continent, au mépris des inondations et des brûlures du ciel », Duras, Le Poids d'une plume, P. 13, Frédérique Lebelley, Grasser.

du souvenir ce soir qui arrive par “les persiennes” de la chambre bleue d’amour ? L’écriture existe pour figer l’ineffable et l’immatériel. Le livre enferme le passé et l’enfance derrière chaque nouvelle construction narrative. L’écriture avale l’enfance et la restitue épurée, sublime et terrible. La narratrice, imprégnée des souffrances de jadis, met en scène l’impossible et l’invivable. La mer, le Delta du Gange, les constantes évanescences des ciels et les longs crépuscules portent désormais le message d’un chaos final, pour que “tout aille à sa fin”.

Bibliographie
œuvres de Marguerite Duras

Les impudents, 1943, roman. Plon-réédition 1992, Gallimard. (Roman considéré par certains critiques comme un proto-roman contenant le canevas familial développé plus tard dans **Un Barrage contre Le Pacifique**)

La vie tranquille, 1944, roman, Gallimard. (le roman montre la nature conflictuelle et particulièrement violente des relations entre les membres de la famille, thème largement traité par Duras **dans L'Amant et L'Amant de La Chine du Nord**)

Un Barrage contre le pacifique, 1950, roman, Gallimard. (Premier roman où figure une autobiographie masquée. Monsieur Jo annonce le personnage de « l'amant chinois », Suzanne et Joseph apparaissent comme la narratrice – enfant et adolescente et son jeune frère préféré Paulo).

Le marin de Gibraltar, 1952, roman, Gallimard.

Les petits chevaux de Tarquinia, 1953, roman, Gallimard.

Des journées entières dans les arbres, (les personnages de la mère et des enfants rappellent la famille de M. Duras en Indochine) suivi de : Le Boa – Madame Dodin – Les Chantiers, 1954, récits, Gallimard.

Le square, 1955, roman, Gallimard.

Moderato cantabile, 1958, roman, Editions de Minuit.

Les viaducs de la Seine-Et-Oise, 1959, théâtre, Gallimard.

Dix heures et demie du soir En été, 1960, roman, Gallimard.

Hiroshima mon amour, 1960, scénario et dialogues, Gallimard.

Une aussi longue absence, 1961, scénario et dialogues, en collaboration avec Gérard Jarlot, Gallimard.

L'aprés-midi de monsieur Andesmas, 1962, récit, Gallimard.

Le ravissement de lol V. Stein, 1964, roman, Gallimard.

Théâtre 1 : les eaux et forêts (les paysages du royaume de l'enfance indochinoise, « le pays de l'eau », dira M. Duras) – le Square – La musica, 1965, Gallimard.

Le Vice-Consul, 1965, Gallimard.

La musica, 1966, film, co-réalisé par Paul Seban, distr. Artistes Associés.

L'amante anglaise, 1967, roman, Gallimard.

L'amante anglaise, 1968, théâtre, Cahiers du Théâtre national populaire.

Théâtre II : Suzanna Andler – Des journées entières dans les arbres – Yes, Peut-être – Le Shaga – Un Homme Est Venu Me Voir, 1968, Gallimard.

Détruire, dit-elle, 1969, Editions de Minuit.

Détruire, dit-elle, 1969, film, distr. Benoît-Jacob.

Abahn Sabana David, 1970, Gallimard.

L'amour, 1971, Gallimard. (Texte hermétique et roman allégorique, version poétique du **Ravissement de Lol V Stein**. L'espace y est déréalisé et l'histoire atemporelle. Claire Cérasi en propose une lecture intitulée « Du rythme au sens » aux Editions des Archives des Lettres Modernes, n° 254.)

Jaune le soleil, 1971, film, distr. Films Molière.

Nathalie Granger, 1972, film, distr. Films Molière.

INDIA SONG, 1973, texte, théâtre, film, Gallimard

La femme du Gange, 1973, film, distr. Benoît-Jacob. (Les personnages du Ravissement s'y retrouvent, Anne-Marie Stretter, Lol V Stein et le fiancé).

Les parleuses, 1974, entretiens avec Xavière Gauthier, Editions de Minuit. (Marguerite Duras y fait des révélations importantes sur sa vision des femmes et évoque ses personnages).

INDIA SONG, 1975, film, distr. Films Armorial.

Baxter, Vera Baxter, 1976, film, distr. N.E.F. Diffusion.

Son Nom De Venise Dans Calcutta Desert, 1976, film, distr. Benoît-Jacob. (Une version appelée le film des voix. Cette œuvre filmique reprend les voix **d'India Song** et les appose sur de nouvelles images et prises de vue, des plans intérieurs du Château des Rotschild et des plans de jardins lumineux ou en clair-obscur. Le film célèbre la mort des personnages **d'India Song** devenus des fantômes errant sur les lieux du film précédent ; il s'agit d'un hommage de la narratrice-auteur à Anne-Marie Stretter enterrée au cimetière anglais, à Calcutta).

Des Journées entières dans les arbres, 1976, film, distr. Benoît-Jacob.

Le camion, 1977, film, distr. D.D. Prod.

Le camion, suivi de entretien avec michelle porte, 1977, Editions de Minuit.

Les lieux de Marguerite Duras, 1977, en collaboration avec Michelle Porte, Editions de Minuit. (Marguerite Duras évoque abondamment l'Indochine et son amour pour cette enfance particulièrement libre au contact d'une nature sauvage, dangereuse et fascinante. Il est aussi question de sa frayeur de la mer, destructrice des barrages que sa mère avait fait construire pour nourrir les habitants d'une plaine infertile et abandonnée ; histoire du **Barrage contre Le Pacifique**)

Eden-cinema, 1977, théâtre, Mercure de France.

Le navire night, suivi de Césaree, les mains négatives, Aurelia Steiner, 1979, Mercure de France.

Cesaree, 1979, film, Films du Losange.

Les mains négatives, 1979, film, Films du Losange.

Aurelia Steiner, dit Aurelia Melbourne, 1979, film, Film Paris-Audiovisuels.

Aurelia Steiner, dit Aurelia Vancouver, 1979, film, Films du Losange.

Vera Baxter ou les plages de L'Atlantique, 1980, Albatros.

L'homme assis dans le couloir, 1980, récit, Editions de Minuit. (Il existe deux versions de ce récit ; la version 1 étudiée par Stéphanie Anderson dans **Le Discours féminin de Marguerite Duras**, révèle une première apparition du personnage d'Anne-Marie Stretter).

L'éte 80, 1980, Editions de Minuit.

Les Yeux Verts, 1980, Cahiers du Cinéma. (Ouvrage important dans lequel Duras livre le véritable nom de celle qui a inspiré la création d'Anne-Marie Stretter ; elle y aborde, entre autres, des questions touchant à la femme, l'amour, la mort et l'écriture).

Agatha, 1981, Editions de Minuit.

Agatha ou les lectures illimitées, 1981, film, prod. Berthemont.

Outside, 1981, Albin Michel, rééd. P.O.L., 1984.

La jeune fille et l'enfant, 1981, cassette, Des femmes éd. Adaptation de L'Eté 80 par Yann Andréa, lue par Marguerite Duras.

Dialogue de Rome, 1982, film, prod, Coop. Longa Gittata. Rome.

L'homme Atlantique, 1981, film, prod. Berthemont.

L'homme Atlantique, 1982, récit, Editions de Minuit.

Savannah Bay, 1re éd., 1982, augmentée, 1983, Editions de Minuit.

La Maladie de la mort, 1982, récit, Editions de Minuit.

Théâtre II : La Bête Dans La Jungle, d'après Henry James, adaptation de James Lord et Marguerite Duras – Les Papiers D'Aspern, d'après Henry James, adaptation de Marguerite Duras et Robert Antelme – La Danse de Mort, d'après August Strindberg, adaptation de Marguerite Duras, 1984, Gallimard.

L'Amant, 1984, Editions de Minuit. (La narratrice dépeint non seulement son enfance et son premier amour, mais surtout l'histoire de la mendiante abandonnant son enfant ; récit que Peter Morgan prend en charge dans Le Vice-Consul)

La Douleur, 1985, P.O.L.

La Musica Deuxième, 1985, Gallimard.

Les Enfants, avec Jean Mascolo et Jean-Marc Turine, 1985, film.

Les Yeux Bleus Cheveux Noirs, 1986, roman, Editions de Minuit.

La Pute De La Côte Normande, 1986, Editions de Minuit.

La Vie Matérielle, 1987, P.O.L. (œuvre conçue de remarques diverses sur l'existence, la sexualité, la découverte de l'amour, l'Indochine, le Mékong, la mère. Elle permet de mieux connaître les pensées de l'auteur et ses démarches intellectuelles, politiques et poétiques).

EMILY L., 1987, roman, Editions de Minuit.

La Pluie D'été, 1990, roman, P.O.L.

L'Amant de La Chine Du Nord, 1991, roman, Gallimard. (Dernière œuvre importante de Marguerite Duras où elle révèle enfin « sa vérité » sur son existence, en particulier sur la nature de ses liens avec sa mère, faits de haine et d'amour et sur ses sentiments à l'égard de « L'amant chinois ». Elle y évoque de nouveau la mendiante et son enfant malade vendue pour quelques piastres ; Anne-Marie Stretter y prend également une dimension nouvelle : certains passages du Vice-Consul semblent avoir été transposés dès les premières pages, à travers la vision d'un bal et d'une « femme en robe rouge qui danse sur une piste… ».

Yann Andrea Steiner, 1992, roman, P.O.L.

Ecrire, 1993, Gallimard.

C'est Tout, 1995, P.O.L.

Marguerite DURAS décède le 3 mars 1996.

Quarto Gallimard, Duras, Romans, cinéma, théâtre, un parcours 1943 – 1993 (éd. de 1997).

Marguerite Duras a accordé de nombreux entretiens disséminés dans divers journaux et revues.

En particulier dans :

Libération. Par exemple, Marguerite Duras : c'est fou c'que je peux t'aimer, entretien avec Yann Andréa, 4 janvier 1983.

Le Journal littéraire : Duras dans les régions claires de l'écriture, entretien avec Colette Fellous, n°2, déc. 1987, janv. 1998 (p. 126-127).

Certains articles et entretiens ont été rassemblés par les éditions de Minuit dans divers dossiers de presse.

Marguerite Duras a rédigé des articles pour de nombreux journaux, en particulier :

Libération : Sublime, forcément sublime, Christine V., mercredi 17 juillet 1985.

Collaborations de Marguerite Duras à l'Autre Journal : Entretiens avec François Mitterand : n°1 (hebdo) 26 février 1986 ; n°2 (hebdo) 5 mars 1986 ; n°3 (hebdo) 12 mars 1986 ; n°4 (hebdo) 19 mars 1986 ; n°11 (hebdo) 7 mai 1986.

Articles divers dans L'Autre Journal : L'homme nu de la Bastille, n°4 (mensuel), avril 1985.

L'Excès-l'usine, entretien avec Leslie Kaplan, n°5 (mensuel), mai 1985.

L'Amant magnifique, entretien avec Aline Issermann, n°5 (mensuel), mai 1985.

Greenpeace, Gorbatchev et la gauche, n°8 (mensuel), octobre 1985.

La lecture dans le train, n°9 (mensuel), novembre 1985.

Joëlle Kaufmann. Marguerite Duras : Parler des otages ou ne pas parler des otages, n°5 (hebdo), 26 mars 1986.

Les chiens de l'histoire, n°6 (hebdo), 3 avril 1986.

Le Froid comme en décembre, n°9 (hebdo), 23 avril 1986.

Moi, n°10 (hebdo), 30 avril 1986.

Tjibaou-Duras, n°13 (hebdo), 22 mai 1986.

L'Amant magnifique, n°16 (hebdo), 11 juin 1986.

Emissions radiophoniques

Les nuits magnétiques avec Duras ont été réalisées par Alain Veinstein en 1987.

Bon plaisir de Marguerite Duras, diffusé sur France-Culture le 20 octobre 1984, réalisation Marianne Alphant avec Denis Roche, Jean Daniel et les comédiens et comédiennes Gérard Desarthe, Nicole Hiss et Catherine Sellers.

Emissions télévisées

Les lieux de Marguerite Duras, prod. I.N.A. diffusé en mai 1976, TF1, réalisation Michelle Porte.

Savannah Bay, c'est toi, prod. I.N.A., 1984 (tourné au Théâtre du Rond-Point en sept. 1983), réal. Michelle Porte.

Apostrophes, prod. Antenne 2, émission de Bernard Pivot, réalisation Jean Cazenave, diffusion 28 septembre 1984.

Duras-Godard, émission préparée par Colette Fellous et P.A. Boutang, réal. J.D. Verhaeghe, diffusion Océaniques/FR3, filmé le 22 décembre 1987.

Marguerite Duras, émission sponsorisée par « Communication et programme », réalisation Luce Perrot, février-mars 1988, diffusion TF1, du 26 juin au 17 juillet 1988.

Disque et cassettes

Marguerite Duras parle, série « Français de notre temps. Hommes d'aujourd'hui », sous le patronage de l'Alliance française. Réalisation sonore Hugues Desalle. Diffusion Adès.

33 tours.

La jeune fille et l'enfant (extrait de L'été 80), lu par Marguerite Duras. Ed. des Femmes, collection La Bibliothèque des voix.

Les petits chevaux de Tarquinia, lu par Catherine Deneuve. Ed. des Femmes, collection La Bibliothèque des voix.

Marguerite Duras (1914-1996). Le Ravissement de la Parole. Entretiens avec Marc Turine (Radio France) ; Editeur, Harmonia Mundi.

Entretiens avec Marguerite Duras ayant fait l'objet d'une publication

Denis Bourdet, Brèves rencontres, Grasset, 1963.

Pierre Dumayet, Vu et entendu, Stock, 1964.

Madeleine Chapsal, Quinze Ecrivains, Stock, 1964.

Hubert Nyssen, Les voies de l'écriture, Mercure de France, 1969.

Jean Schuster, entretien publié dans « Archibras », n°2, repris dans Alain Vircondelet, Marguerite Duras, Seghers, 1972.

Suzanne Horer, Jeanne Socquet, la création étouffée, Pierre Horay, 1973.

Entretiens réunis par Xavière Gautier dans Les parleuses, Editions de Minuit, 1974.

Interview accordée à Colette Godard, « Marguerite Duras tourne India Song », Le Monde, mai 1975.

« des cahiers avec Marguerite Duras », dans Cahiers Renault-Barrault, n°91,1976.

Entretiens avec M. Porte : Les lieux de M. Duras, Editions de Minuit, 1977.

Marguerite Duras à Montréal, textes réunis par Suzanne Lamy et André Roy, Québec, Spirale, 1981.

Œuvres cinématographiques, Editions vidéographique critique. Entretiens avec Dominique Noguez, Ministère des Relations extérieures, 1983.

Michèle Manceaux, Eloge de l'insomnie, Hachette, 1985.

Quelques Ouvrages critiques consacrés à Marguerite Duras : Proposition d'une sélection qui serait utile à la compréhension de l'écriture et des personnages durassiens

Jean Luc Seylaz, Les romans de Marguerite Duras, Lettres Modernes, 1963.

Marguerite Duras par Marguerite Duras, Jacques Lacan, Maurice Blanchot, Dionys Mascolo, Xavière Gauthier, Benoît Jacquot, Pierre Félida, Viviane Forrester… Albatros, 1975.

Marcelle Marini, Territoires du féminin, Editions de Minuit, 1978.

Franciska Skutta, Aspects de la narration dans les romans de Marguerite Duras, Debrecen (Kossuth Lajos Tudomanyegyetem), 1981.

Madeleine Alleins, Marguerite Duras, Médium du réel, éd. l'Age d'homme, 1984.

Yvonnes Guers-Villate, Continuité/discontinuité de l'œuvre durasienne, Editions de l'Université de Bruxelles, 1985.

Ecrire dit-elle, imaginaires de Marguerite Duras, Textes réunis par D. Bajomée et R. Heyndels, Editions de l'Université de Bruxelles, 1985.

Ces trois ouvrages étudient largement les œuvres au programme

Madeleine Borgomano, Une lecture des fantasmes, Petit-Roeulx (Belgique), Editions du Cistre, 1985. (Etude de type psychanalytique)

Jean Pierrot, Marguerite Duras, José Corti, 1986. (Il présente les romans de Marguerite Duras dans une perspective diachronique)

Danièle Bajomée, Duras ou la douleur, Editions Universitaires, 1990. (Intéressant pour comprendre par exemple la fascination de Lol pour la souffrance et la recherche de sa propre éviction).

Aliette Armel, Marguerite Duras et l'Autobiographie, Le Castor astral, 1990.

Claire Cesari, Du rythme au sens, une lecture de M. Duras, Lettres Modernes, 1991.

Alain Vircondelet, Duras, François Bourin, 1991. (Spécialiste de Marguerite Duras, directeur de nombreux colloques sur l'auteur).

Christine Blot-Labarrère, Marguerite Duras, Seuil, 1992.

Marguerite Duras, Rencontres de Cerisy, 1993, sous dir. de Vircondelet. A, Ecriture, 1994.

Alain Vircondelet, Pour Duras, Calmann-Lévy, 1995.

Stéphanie Anderson, Le discours féminin de Marguerite Duras, un désir pervers et ses métamorphoses, Droz, 1995.

Frédérique Lebelley ou le poids d'une plume, Bernard Grasset – Paris, 1994.

Suzanne Ferrières-Pestureau : une étude psychanalytique de la figure du ravissement dans l'œuvre de Marguerite Duras. Naissance d'une œuvre, origine d'un style – L'Harmattan, 1997.

Marguerite Duras, Vérité et Légendes, texte d'Alain Vircondelet, Editions du Chêne, 1997. (Beaucoup de photographies et de textes annotés par Duras ; un album et des commentaires).

Actes du Colloque de l'ICP sous la direction d'Alain Vircondelet. Duras Dieu et l'écrit, Editions du Kocher, 1998.

Najet Liman-Tnami, roman et cinéma chez Marguerite Duras. Alif, les éditions de la Méditerranée, Faculté des sciences humaines et sociales de Tunis, 1996. (Des études sur India Song et son Nom de Venise dans Calcutta désert).

Michel David : Marguerite Duras ; une écriture de la jouissance. Desclée de Brouwer. (Une étude psychanalytique très approfondie Du Ravissement de Lol V. Stein et d'Anne-Marie Stretter)

Alain Vircondelet : Marguerite à Duras, 1998, édition n°1.

Aliette Armel : Marguerite Duras. Les trois lieux de l'écrit, Christian Pirot Editeur, 1998.

Laure Adler : Marguerite Duras, Biographies, Nrf, Gallimard, 1998. (Le meilleur ouvrage, aux dires des spécialistes, sur la biographie de Duras). L'auteur a longtemps fréquenté Duras et son entourage et a obtenu son assentiment quant à la publication de certaines vérités parfois dérangeantes).

L'amie : Duras intime, Auteur : Manceaux Michèle, Editeur Albin Michel, 1996.

Marguerite Duras, auteur : Germain Sylvie, éditeur : Pirot Christian, coll. : Maison d'Ecrivain, 1998.

Poétique de l'enfance chez Marguerite Duras, auteur : Cousseau Anne, éditeur : Droz, coll. : Histoire des Idées et critique, 1999.

Ouvrages partiellement consacrés à Marguerite Duras

Maurice Blanchot, Le livre à venir, Gallimard, 1943.

Béatrice Didier, L'écriture femme, P.U.F., 1981. (Une étude du « Ravissement »).

Le récit amoureux, colloque de Cerisy sous la direction de Didier Coste et Michel Zéraffa, Champ Vallon, 1984.

Monique Plaza, Ecriture et folie, P.U.F., 1986.

Julia Kristeva, Soleil noir, dépression et mélancolie, Gallimard, 1987. (Etude du processus de mélancolisation chez la plupart des personnages féminins durassiens).

Dionys Macolo, Autour d'un effort de mémoire. Sur une lettre de Robert Antelme, Nadeau, 1987.

Pierre Mestens, L'Agent double, sur Duras, Gracy, etc…, Ed. Complexe, coll. Le Regard Littéraire, 1989.

Numéros spéciaux de revues

Cahiers Renaud-Barrault, n°52, décembre, 1965 – n°89, 1976 – n°91, 1976 (avec entretien). – n°96, 1977. – n°106, 1983 (avec entretien).

L'Avant scène, 1er avril1979.

Recherches sur le roman, Groningue, CRIN 1/2, 1979.

Marguerite Duras, numéro spécial Magazine Littéraire, n°158, mars 1980.

Marguerite Duras, dans L'Arc, n°98.

Esprit, juillet 1986.

Marguerite Duras, dans Revue des Sciences Humaines (K.S.H.), n°202, – 1986 – 2 (avril, juin), Université de Lille III. – Mireille Calle-Cruber, Pourquoi n'a-t-on plus peur de Marguerite Duras, dans Littérature, n°63, octobre 1986 (p. 3 à 23).

Article de Label France (n°24, juin 1996). Marguerite Duras, l'indicible, dit-elle, par Jean-Louis Arnaud.

Article-entretien donné par Laure Adler en 1999 à « Label France » – Propos recueillis par Tirthankar Chanda et Anne Rapin (n°35, avril1999), Marguerite Duras ou les miroirs de l'écriture.

Bosch Elisabeth « L'amour et la mort. Bataille – Duras Quelques variations sur le nom de Stein » Neophilologus 67, 1983 (pp. 377-84).

Braudeau Michel « Dur désir de durer ». Compte rendu de la pluie d'été par M. Duras. Le Monde 12-19 janvier 1990 (sélection hebdomadaire – p. 13).

Cixous Hélène « Le rire de la Méduse », L'Arc 61, 1975 (pp. 39-54).

Pagès Irène « Moderato Cantabile, L'Amant et le non-dit », in Marguerite Duras dans les trous du discours, Ed. Irène Pagès – Cahiers de l'APFUCC, série 2, n°7, 1987 (pp.1-9).

La revue du Cinéma, n°479, L'Amant, L'Effrontée/Entretien avec Jean-Jacques Annaud. Casser l'exotisme, propos recueillis par Danièle Parra et Jacques Zimmer, février 1992 (pp. 15-20).

Sibony D. : Repenser la déprime, in Magazine littéraire, n°244, 1988.

Marguerite Duras, Magazine littéraire (avec entretien), n°278, juin 1990.

Table des matières

www.ingramcontent.com/pod-product-compliance
Lightning Source LLC
Chambersburg PA
CBHW030526041126
54315CB00040B/538
9782748335668